高等院校计算机专业教材

JSP
程序设计项目教程

刘小强　张　浩◎主　编
王　可　许　晶　张　丰◎副主编

◎基础知识篇
◎进阶入门篇
◎实战演练篇

知识产权出版社
全国百佳图书出版单位

图书在版编目（CIP）数据

JSP程序设计项目教程/刘小强，张浩主编. — 北京：知识产权出版社，2016.8
ISBN 978-7-5130-3871-3

Ⅰ.①J… Ⅱ.①刘… ②张… Ⅲ.①JAVA语言-网页制作工具-教材 Ⅳ.①TP312②TP393.092

中国版本图书馆CIP数据核字（2015）第251666号

内容提要

本书根据高等院校计算机类专业的教学大纲要求，从读者方便理解、易于上手的角度出发，全面、翔实地介绍了JSP开发所需的各种知识与技巧。

本书共分为三大部分，循序渐进地讲解了在初学JSP编程时所要掌握的内容。其中，基础知识部分带领读者初步认识JSP及相关配置；进阶入门部分包括JSP语法、JSP组件、JSP与JavaBeans、JSP与Servlet、JSP与数据库知识的介绍；实战演练部分讲解了两个经典案例的实现。本书以项目任务式方法进行编写，对每个知识点都进行了针对性的讲解，同时在内容选取上以实用性为原则，做到不求面广，但求实用。本书突出案例教学，避免空洞的描述，每个项目任务的内容都通过对案例的深入分析和实训演练，使读者加深对所学知识的理解，提高学习效率和动手能力。

本书定位为高等院校计算机类专业课教材，也是初级、中级JSP开发者首选的参考书。

责任编辑：徐家春　安耀东

JSP程序设计项目教程

JSP CHENGXU SHEJI XIANGMU JIAOCHENG

刘小强　张　浩　主编

出版发行：知识产权出版社有限责任公司		网　　址：http://www.ipph.cn
电　　话：010-82004826		http://www.laichushu.com
社　　址：北京市海淀区西外太平庄55号		邮　　编：100081
责编电话：010-82000860转8573		责编邮箱：823236309@qq.com
发行电话：010-82000860转8101/8573		发行传真：010-82000893/82003279
印　　刷：北京中献拓方科技发展有限公司		经　　销：各大网上书店、新华书店及相关专业书店
开　　本：787mm×1092mm　1/16		印　　张：17.75
版　　次：2016年8月第1版		印　　次：2016年8月第1次印刷
字　　数：344千字		定　　价：48.00元

ISBN 978-7-5130-3871-3

出版权专有　侵权必究

如有印装质量问题，本社负责调换。

前　言

近些年来，计算机技术的发展日新月异，在 Web 应用程序开发领域更是如此。传统的 Web 应用只能使用 CGI 来实现，这是一种非常难编写和调试的技术。随着 Microsoft 公司的 ASP、Sun 公司的 JSP 及 PHP 等技术的出现，Web 开发开始变成一件简单而有趣的工作。

JSP 是由 Sun 公司推出的、用于有效地开发 Web 应用的一套技术规范。JSP 技术规范一经推出就引起了人们的关注，它为创建高度动态的 Web 应用提供了一个独特的开发环境。当前大部分的应用服务器都宣布支持 JSP 规范。JSP 以 Sun 公司原有的 Servlet 技术为基础，又在许多方面做了改进，是当前使用最为广泛的 Web 应用开发技术。

本书根据高等院校计算机类专业的教学大纲要求，从方便理解、易于上手的角度出发，全面、翔实地介绍了 JSP 开发所需的各种知识与技巧，带领读者一步步掌握该项技术。通过本书的学习，读者可以快速、全面地掌握使用 JSP 开发 Web 应用程序的方法，并达到融会贯通、灵活使用的目的。

本书共分为三大部分，循序渐进地讲解了在初学 JSP 编程时所要掌握的内容。其中，基础知识部分初步认识 JSP 及相关配置，并带领读者编写了第一个 JSP 程序；进阶入门部分包括 JSP 语法介绍，JSP 组件介绍，JSP 与 JavaBeans、JSP 与 Servlet、JSP 与数据库的介绍；实战演练部分讲解了两个经典案例的实现，以供读者加强对前面的基础内容的理解和实践。

本书据教学需求，以项目任务式方法进行编写，对每个知识点都进行了针对性的讲解。本书在内容选取上以实用性为原则，做到不求面广，但求实用。本书突出案例教学，避免空洞的描述，每个项目任务的内容都通过对案例的深入分析和实训演练使读者加深对所学知识的理解，提高学习效率和动手能力。本书最后的两个大型经典案例，将全书内容与典型的实际应用联系起来，也将全书的案例体系串联起来，使读者能够学到最贴近应用前沿的知识和技能。

本书特色有以下三点：

第一，内容深入浅出。从最基本的内容讲起，循序渐进，只要读者对 Java 编程语言有基本了解，就可以读懂书中的内容，并可以按照书中的介绍开发相应的系统。

第二，讲解细致。从 JSP 的基础知识到两个具体案例的开发，从系统的详细设计到代码的具体实现，本书都有详细的讲解，十分有利于初学者学习，读者只需跟着本书的介绍一步步操作实践，即可熟悉 JSP 的开发方法。

第三，示例恰当。综合实训中挑选的小实例、项目八中的汽车租赁系统案例和综合实训八中的学生课绩管理系统案例分别从不同的角度全面涉及了系统设计、JSP 开发、数据库建立等各个环节的知识。读者在掌握了这些案例的开发后，能基本掌握 JSP 开发技能，并能举一反三，进行其他相关项目的开发。

本书由三门峡职业技术学院的刘小强、河南农业大学的张浩主编，江苏经贸职业技术学院的王可、天津现代职业技术学院的许晶和郑州电力高等专科学校的张丰为副主编。本书定位为高等院校计算机类学生的专业课教材，也可以作为各类希望学习 Web 开发技术人员的入门自学教材，也是初级、中级 JSP 开发者首选的参考书。

本书在编写时力求完美、准确，但是限于作者水平，编写时间仓促，书中不足之处在所难免，敬请各位同行和广大读者批评指正。

编者
2016 年 5 月

目 录

第一部分 基础知识篇 ································ 1

项目一 浅谈JSP ································ 1
项目情境 ································ 2
学习目标 ································ 2
任务1 JSP发展背景 ································ 2
任务2 JSP简介 ································ 4
综合实训一 JSP用到的一些技术 ································ 6
项目小结 ································ 8

项目二 JSP初体验 ································ 9
项目情境 ································ 9
学习目标 ································ 9
任务3 JSP环境安装与配置 ································ 9
任务4 JSP语法初步介绍 ································ 11
综合实训二 我的第一个JSP程序 ································ 14
项目小结 ································ 18

第二部分 进阶入门篇 ································ 19

项目三 JSP语法 ································ 20
项目情境 ································ 20
学习目标 ································ 20
任务5 JSP概述 ································ 20
任务6 JSP注释 ································ 24
任务7 JSP指令 ································ 26
任务8 JSP脚本元素 ································ 29
任务9 JSP操作 ································ 31
综合实训三 JSP语法练手小实例 ································ 35
项目小结 ································ 37

项目四　JSP组件···38
　　项目情境···38
　　学习目标···38
　　任务10　JSP9种基本内置组件···38
　　任务11　JSP中session的应用···41
　　任务12　JSP中forward的应用···43
　　综合实训四　JSP组件练手小实例···45
　　项目小结···49
项目五　JSP与JavaBeans···50
　　项目情境···50
　　学习目标···50
　　任务13　JavaBeans概述···50
　　任务14　JavaBeans事件···55
　　任务15　JavaBeans在JSP中的使用···61
　　任务16　JavaBeans中的scope属性···64
　　综合实训五　JavaBeans练手小实例···65
　　项目小结···67
项目六　JSP与Servlet···68
　　项目情境···68
　　学习目标···68
　　任务17　Servlet简介···68
　　任务18　Servlet和JSP运行环境···73
　　任务19　Servlet的生命周期···79
　　任务20　Servlet类··82
　　综合实训六　Servlet应用小实例···89
　　项目小结···94
项目七　JSP与数据库···95
　　项目情境···95
　　学习目标···95
　　任务21　数据库基础知识···95
　　任务22　JDBC简介···99
　　任务23　数据库MySql的安装与配置···103
　　任务24　JSP连接MySql的方法···112
　　综合实训七　数据库应用小实例···118
　　项目小结···128

第三部分　实战演练篇···129

项目八　汽车租赁系统案例精讲···130

项目情境 ·· 130
学习目标 ·· 130
任务25　需求分析 ·· 130
任务26　登录模块 ·· 135
任务27　公共模块 ·· 136
任务28　用户管理模块 ·· 139
任务29　客户管理模块 ·· 155
任务30　汽车管理模块 ·· 158
任务31　业务管理模块 ·· 175
任务32　业务统计模块 ·· 181
综合实训八　学生课绩管理系统案例精讲 ····································· 183
项目小结 ·· 241

附录　学生课程管理系统管理员模块部分代码 ················· 243

一、管理员模块学生管理部分 ·· 244
二、管理员模块教师管理部分 ·· 254
三、课程管理部分 ··· 262

第一部分 基础知识篇

项目一 浅谈JSP

项目情境

JSP 的全称是 Java Server Pages，它是由 Sun 公司发布的一种技术标准，这种技术标准用于动态的 Web 应用开发。它是一种基于 Java Servlet 模型的视图层技术，用于辅助 Web 请求的处理。JSP 基于 Java 技术，它由 JSP 标记、HTML 标记和 Java 代码组成。

JSP 具有简单易学和跨平台的特性，目前 JSP 技术广泛应用于电子商务和互联网领域。本项目将对 JSP 和相关的技术进行简要讲解。

学习目标

● 了解 JSP 发展背景、概念与基本情况。

任务1 JSP发展背景

任务情境

传统的 Web 服务模式存在一些不足，随着动态网页需求的出现，传统的 Web 服务模式已经不能满足需求。这个时候，动态的 Web 技术出现了，但是出现的动态网页技术都不大理想。在这种背景下，出现了 JSP 技术。

相关知识

1. 传统Web服务模式的不足

传统的 Web 应用提供的是静态页面，每一个 Web 页面的内容是固定不变的，如果需要提供更多的信息或者更新页面上的内容，就必须重新编写 HTML 页面，然后再提供链接，这种服务模式存在以下不足。

（1）不能及时更新和提供信息。在需要及时更新信息的平台上，这样的缺陷是致命的。

（2）需要对原来的信息进行操作时，要重新编写 HTML 文件。在信息频繁增加、删除、修改的平台上，会导致工作量的繁重。

（3）静态的页面不能为不同的用户提供不同的信息，无法提供多样性和个性化服务。

2. 动态Web技术的出现

随着动态网页需求的出现，传统的 Web 服务已经不能满足需求。这个时候，一种新技术呼之欲出，那就是动态的 Web 技术。

CGI 的英文全称为 Common Gateway Interface，通常被翻译为通用网关接口，它是 HTTP 服务器与机器上的其他程序进行通信的一个接口，它的出现实现了静态网页向动态网页的转变。CGI 有一个致命的缺点：要生成一个动态网页时，CGI 程序要向 HTTP 服务器发送请求，HTTP 服务器每收到一个 CGI 请求，就要启动一个新的进程。当有大量用户请求调用 CGI 程序时，多个 CGI 程序同时执行会导致服务器的大量负载，严重影响服务器的系统性能。CGI 的这一缺点导致它的市场份额越来越少。

ASP 的英文全称为 Active Server Page，它是微软（Microsoft）公司开发的一门技术，也是用来处理动态网页技术的。它可以在 HTML 中嵌入脚本语言——JavaScript 和 VBScript。它将 Web 请求转入服务器中，只要服务器端安装了适当的编译程序引擎，服务器就可以编译所有的 ASP 脚本语言。其中，ASP 只能在微软公司的 NT 平台中支持 IIS 服务器。

PHP 的英文全称为 Personal Home Page，是一种跨平台的脚本语言，同时也是嵌入式的脚本语言。它的特点是大量地借用 C、Java 和 Perl 语言的用法，并耦合 PHP 自己的特性，能够让开发人员快速地写出动态的页面。它还有个优点，是完全免费的、公开的源代码。

3. JSP的出现

动态 JSP 技术创建了交互的 Web 应用程序，早期的动态 Web 技术是 CGI，使用时，开发人员要先编写与接口相关的单独程序，然后编写基于 Web 的应用程序，后者通过 Web 服务来调用前者。这就出现了一个扩展性问题，每一个新的请求，都要在服务器上新增一个进程，当多个用户访问时，将消耗大量的 Web 服务器的资源，大大降低服务器的性能。

为了解决这一问题，一些动态的 Web 技术通过为服务器提供"插件"和 API 来简化应用程序的开发，这一方案只能是服务器供应商在他们自己的服务器上进行操作。这样一来，无法解决跨服务器的问题。最典型的例子就是微软公司的 ASP，它只能在微软的 IIS 和 Personal Web Server 上使用。

在实际的开发和使用中，需要一个这样的动态 Web 技术：它要能够跨平台、跨服务器运行；能够把页面显示和应用程序逻辑分离开来；能够快速地开发和测试；能够简化 Web 交互应用程序的过程。在这样一种背景下，JSP 被设计开发出来了。JSP 是一种动态网站技术，目前广泛应用于电子商务和互联网领域。

任务2　JSP简介

任务情境

JSP 是 Servlet API 的一个扩展，它实现静态的 HTML 和动态的 HTML 混合编码。JSP 在被编译成 Servlet 之前，也是可以使用的。在 JSP 页面上可以写 Java 代码，所以从某种意义上来说，JSP 也是 Servlet。

相关知识

1. 访问Web网站的过程

在学习 JSP 之前，先来了解访问一个网站的过程。在使用浏览器去访问一个网站时，网站是如何处理访问请求的？又是如何响应的？后台会发生什么样的变化？

现在以 IE（Microsoft Internet Explore）为例，讲解用浏览器访问一个 Web 服务器的过程，步骤如下：

● Step01：用户在浏览器中输入要访问的网站地址（如 http://www.baidu.com/），这个地址的作用是要告诉服务器要和哪台主机联系。这和我们在信封上写收件人地址一样，只有写明了收件人的地址，邮局才知道这封信要往哪里发。在浏览器上输入的网站地址一般是主机的域名。每个域名对应唯一一个 IP 地址，一个 IP 地址又唯一识别一台互联网的计算机。

● Step02：浏览器根据地址找到指定的主机后，向 Web 服务器发送请求。

● Step03：Web 服务器接收到请求后，对请求作出分析。分析的过程也是服务器处理请求的过程，这个过程涉及后台代码的操作。

● Step04：Web 服务器根据分析结果找到一个 Web 页面，然后把该 Web 页面返回给浏览器。这一步是服务器对请求作出的响应。

● Step05：浏览器把接收到的 Web 页面显示出来。用户能看到的页面是服务器返回给浏览器的 Web 页面。

上面的 5 个步骤描述了浏览器访问 Web 服务的过程。当用户在浏览器中输入网址并提交以后，浏览器的请求如何到达服务器呢？在现实中，通过邮局来传递信件；而在网络中，浏览器和服务器则通过互联网来进行会话，互联网上的会话要通过 HTTP 协议来完成。

2. JSP的运行原理

当一个 JSP 文件第一次被请求时，JSP 引擎把被请求的 JSP 文件转换成一个 Servlet，JSP 引擎本身也是一个 Servlet。JSP 运行的原理如下：

● Step01：JSP 引擎把被请求的 JSP 文件转换成 Java 源文件，这个源文件就相当于一个 Servlet。在转换成 Java 源文件的过程中，如果出现错误，那么转换将终止。

● Step02：转换成功以后，JSP 引擎会把这个 Java 源文件编译成 Class 文件，这一步和 Java 的编译过程一样。编译成功后会创建一个 Servlet（此时 JSP 已经转换成 Servlet）实例。

● Step03：创建 Servlet 实例时，jspInit()方法会自动被调用，然后调用 jspService()方法。

● Step04：当 jspService()方法执行结束或者出现错误时，jspDestroy()方法会被调用。

● Step05：最后 Servlet 实例会被标记加入"垃圾收集"处理。通过 Java 的垃圾回收机制自动回收垃圾，释放内存。

访问一个 JSP 页面的过程如下：

● Step01：客户端通过浏览器向 Web 服务器发送请求。发送的请求中包含了请求资源的路径，这个路径用来通知服务器哪些资源被请求了。

● Step02：服务器收到请求后，加载被请求的 JSP 文件。

● Step03：Web 服务器（的 JSP 引擎）把被加载的 JSP 文件转化为 Servlet。

● Step04：Web 服务器再把生成的 Servlet 代码编译成 Class 文件。

● Step05：Web 服务器执行这个 Class 文件。

● Step06：Web 服务器把执行结果返回给客户端浏览器，浏览器会把执行结果显示出来。

3. JSP 的优点

目前，JSP 之所以占有很大的市场份额，是因为 JSP 有一些独特的优点。

（1）把内容显示和内容生成分离。在 JSP 技术中，最终页面的设计和格式化可以通过 HTML 标记或者 XML 标记来完成。页面上的动态内容（动态内容是指显示的内容随着请求的变化而变化。例如，不同的内容登录，看到的内容不一样）可以通过 JSP 标记或者小脚本来生成，生成内容的逻辑代码被封装在 JSP 标识和 JavaBeans 组件中。这样的好处是，对 JSP 页面的编辑和使用不会影响内容的生成，内容的生成在服务器端，内容的显示在客户端。在服务器端，JSP 标识和小脚本显示内容，然后将结果以 HTML 页面或者 XML 页面的形式返回给客户端浏览器。把内容显示和内容生成分离，有助于代码的保护，同时又能保证基于 HTML 的 Web 浏览器完全可用。

（2）便于编写。JSP 动态页面的编写和静态的 HTML 页面的编写相似。不同的地方是，JSP 动态页面是在原来的 HTML 页面中加入了一些 JSP 专有的标签。JSP 页面易于编写，是因为一个熟悉 HTML 网页编写的设计人员可以很容易地对 JSP 网页进行开发。在 JSP 网页过程中，开发人员可以通过 JSP 标签来实现动态网页的编写，也可以通过别人写好的部件来实现动态网页的编写，而不用自己编写脚本程序。这样一来，不熟悉脚本语言的开发者也可以用 JSP 开发出动态的网页。在这一点上，其他的动态网页开发技术是做不到的。

（3）可移植性。Java 编程语言有"一次编写，随处运行"的特点。由于 JSP 是 Java 平台的一部分，所以它也具有 Java 的这一特点。这种可移植性的特点是 JSP 技术的一个亮点。

（4）安全性。JSP 的内置脚本语言是基于 Java 编程语言的。编译 JSP 页面时，JSP 页面都被编译成 Java Servlet。Java Servlet 具有 Java 的安全性，所以 JSP 也具有安全性。

（5）组件的可重用性。JSP 页面不是直接把脚本程序切入，而是把动态交互的部分作为一个组件加以引用。也就是说，一个组件写好后，如果这个组件具有动态交互性，那么它可以被多个程序重复引用。JSP 通过这样的方式，来实现程序的可重用性。

综合实训一　　JSP 用到的一些技术

问题情境

在使用 JSP 进行动态网页开发时，还需要一些其他的技术和它配套使用，这样可以增强 JSP 页面的功能和视觉效果。本节将对 JavaScript、CSS、Java Applet、Ajax 和 jQuery

等这些 JSP 中用到的技术做简单的介绍。

拓展知识

1. JavaScript

JavaScript 是用于浏览器中区分大小写的脚本语言。它是第一种具有通用性、动态性的客户端脚本语言。Netscape 公司提出了 LiveScript 概念，后来 Netscape 公司将 LiveScript 改名为 JavaScript。在改名为 JavaScript 后，Netscape 公司和 Java 的开发商 Sun 公司在同一年发表了一项声明，声明指出，Java 和 JavaScript 是两种截然不同的语言，但它们将互相补充。

JavaScript 解决了一些服务器端语言没办法解决的速度问题，为客户提供了更流畅的浏览效果。例如，当服务器需要对数据进行验证且网速很慢时，如果在客户端和服务器端进行数据交互将消耗很长时间，而用 JavaScript 的数据验证，就能在很短的时间内解决这一问题。

2. CSS

CSS 的全称为 Cascading Style Sheets，中文名为层叠样式表，是动态 HTML 技术的一部分，同时又可以和 HTML 结合使用。CSS 主要是通过各种样式来完善页面视觉效果。CSS 既可以通过自身简洁的语法控制 HTML 标记，又可以把页面内容和 CSS 格式分开处理。

CSS 目前被广泛使用的原因之一在于，它具有传统 TABLE 网页布局无法比拟的优越性。CSS 的优点主要有以下几个方面：

（1）把页面内容和页面显示样式分开处理，为开发和测试提供了很大的方便。

（2）提高浏览页面的速度，使得页面浏览更加流畅。CSS 布局的页面容量远远小于传统的 TABLE 布局的页面容量，当使用 CSS 布局时，浏览器不用花大量的时间去编译标签。

（3）方便网页的后期维护和改版。通过修改 CSS 文件，就能修改整个网页的样式。

3. Java Applet

Java Applet 是用 Java 语言编写的 Java 应用程序。Java Applet 可以直接嵌入网页当中，这些小应用程序能在页面中产生一些令人意想不到的效果。包含小应用程序的网页被称为 Java 支持的网页。当用户使用支持 Java 的浏览器访问带有 Java Applet 的网页时，Applet 会被下载到用户的计算机上执行，所以它的执行不受网络速度的影响。

Java Applet 的特点如下：

（1）由于是用 Java 语言编写的，所以 Java Applet 是面向对象的，具有简单性、分布性、安全性，并且可以跨平台运行。

（2）它还具有 Java 特有的一些其他优点，即可移植性、动态性、解释执行和多线程。

4. Ajax

Ajax（Asynchronous JavaScript and XML）是异步 JavaScript 和 XML，它也是 JavaScript 的一种。在国内，Ajax 一般被读作"阿甲克斯"。它是一种网页开发技术，这种技术能够创建交互式网页应用。在 JSP 页面上使用 Ajax 会产生一些神奇的效果，但 Ajax 必须在支持它的浏览器上才能展现出优势。作为一门新技术，Ajax 从诞生开始就一直被追捧。

Ajax 最大的优点就是在不更新整个页面的前提下，能实时维护数据。例如，在网页上的一些地图，用户可以随意改变大小，但是整个页面却没有更新，只有用户操作的地图在改变，这就是 Ajax 强大之处。

当然，Ajax 也有一些缺点，其最大的缺点是可能破坏浏览器"后退"按钮的正常行为。

5. jQuery

jQuery 是一门新兴的技术，它是一个优秀的 JavaScript 框架。它的宗旨是，写更少的代码，做更多的事。jQuery 是一个轻量级框架，它压缩之后只有 21K。在这一点上，其他的 JS 是望尘莫及的。除了这个优点以外，jQuery 还兼容 CSS3 和各种浏览器。因此，jQuery 从被创建以来，不断地吸引世界各地的 JavaScript 高手加入其中。

jQuery 的一大优势是，它的文档说明很全面，各种应用也说得很详细，同时还有许多成熟的插件供开发人员选择。

相信读者都有过使用搜索引擎的经历，搜索引擎里的自动补全功能就是 jQuery 的杰作。jQuery 有着很强大的功能，在这里就不一一介绍了。

项目小结

项目一首先介绍了用 Web 浏览器访问一个网站的过程，阐述传统的 Web 服务模式存在的不足。正是因为传统 Web 服务模式存在的不足，催生了 JSP 这样的动态网页技术。其次阐述了 JSP 的运行原理和 JSP 的优点，对 JSP 中用到的一些技术做了简单介绍。

项目二　JSP初体验

项目情境

项目一中我们简单介绍了 JSP 的原理和功能，面对如此强大的功能，相信大多数读者都希望能够马上就用 JSP 构建自己的网站。不过，请不要着急，在开始学习使用 JSP 之前，需要先来了解一下运行 JSP 所需的环境。项目二将介绍 Tomcat 下 JSP 环境的配置及 JSP 的简单语法规则，并带领读者编写和运行第一个 JSP 程序。

学习目标

- 能够安装并配置 JSP 的开发环境。
- 熟悉 JSP 项目的创建，并开始编写简单的 JSP 代码。

任务3　JSP环境安装与配置

任务情境

对于开发 JSP 来说，虽然一个简单的记事本就可以，不过为了调试方便，还是需要有一个集成多种功能的开发工具。JSP 环境配置有好多种，下面我们就 Tomcat 下配置展开介绍。

相关知识

1. Tomcat下JSP环境的配置

● Step01：下载 J2SDK 和 Tomcat。

到 Sun 官方站点(http://java.sun.com/j2se/1.4.2/download.html)下载 J2SDK，注意下载版本为 Windows Offline Installation 的 SDK，同时最好下载 J2SE 1.4.2 Documentation，然后到 Tomcat 官方站点(http://www.apache.org/dist/jakarta/Tomcat-5/)下载 Tomcat（请下载

较稳定的 5.0.x 版本）。

● Step02：安装和配置你的 J2SDK 和 Tomcat。

执行 J2SDK 和 Tomcat 的安装程序，按默认设置进行安装即可。

（1）安装 J2SDK 后，需要配置一下环境变量，在"我的电脑→属性→高级→环境变量→系统变量"中添加以下环境变量（假定 J2SDK 安装在 C:\j2sdk1.4.2）：JAVA_HOME=C:\j2sdk1.4.2 classpath=.;%JAVA_HOME%\lib\dt.jar; %JAVA_HOME%\ lib\tools.jar;path=%JAVA_HOME%\bin。接着可以写一个简单的 Java 程序来测试 J2SDK 是否已安装成功：

```
public class example1   {
    public static void  main(String args[])   {
        System.out.println("This is a test program.");
    }
}
```

将上面的这段程序保存为文件名为 example1.java 的文件。然后打开命令提示符窗口，cd 到你的 example1.java 所在目录，然后输入下面的命令：

```
javac example1.java  // Java 的编译命令 javac
java example1  //执行 example1.java 类
```

此时如果打印出来"This is a test program."就说明安装成功了，否则，要仔细检查一下配置情况。

（2）安装 Tomcat 后，在"我的电脑→属性→高级→环境变量→系统变量"中添加以下环境变量(假定 Tomcat 安装在 C:\Tomcat5)CATALINA_HOME=C:\Tomcat5; CATALINA_BASE=C:\Tomcat5。

然后修改环境变量中的 classpath，把 Tomat\common\lib 下的 Servlet.jar 追加到 class-path 中去。修改后的 classpath 如下：classpath=.;%JAVA_HOME%\lib\dt.jar; %JAVA_HOME%\lib\tools.jar;%CATALINA_HOME%\common\lib\Servlet.jar。

接着可以启动 Tomcat，在 IE 中访问 http://localhost:8080，如果看到 Tomcat 的欢迎页面说明安装成功了。注：8080 为 Tomcat 使用的端口，可以对配置文件 Tomcat\conf\server.xml 中进行修改。

2. 建立自己的JSP工作目录

● Step01：到 Tomcat 的安装目录下的 webapps 目录，可以看到 ROOT、examples、Tomcat-docs 之类 Tomcat 自带的目录。

● Step02：在 webapps 目录下新建一个目录，命名为 myapp。

- **Step03**：在 myapp 下新建一个目录 WEB-INF，注意，目录名称是区分大小写的。
- **Step04**：在 WEB-INF 下新建一个文件 web.xml（也可从 examples 目录下的 web-app 下复制过来），内容如下：

```
<?xml version = "1.0" encoding = "ISO-8859-1"?>
<!DOCTYPE web-app
PUBLIC "-//Sun Microsystems, Inc.//DTD Web Application 2.3//EN"
"http://java.sun.com/dtd/web-app_2_3.dtd">
<web-app>
    <display-name>My Web Application</display-name>
    <description>
        A application for test.
    </description>
</web-app>
```

- **Step05**：在 myapp 下新建一个测试的 JSP 页面，文件名为 index.jsp，文件内容如下：

```
<html><body>
<center>
    Now time is: <% = new java.util.Date()%>
</center>
</body></html>
```

- **Step06**：重启 Tomcat 后，打开浏览器，输入"http://localhost: 8080/ myapp/ index.jsp"，如看到当前时间，就说明工作目录建立成功。

任务4　JSP语法初步介绍

任务情境

在这一部分我们先对 JSP 的语法做一个小的总结，方便读者对 JSP 有个大概的了解。更为详细的介绍将在项目三进行。

相关知识

1. JSP页面中的元素

JSP 使得我们能够分离页面的静态 HTML 和动态部分。静态 HTML 可以用任何通常使用的 Web 制作工具编写，编写方式也和原来的一样；动态部分的代码放入特殊标记之内，大部分以"<%"开始，以"%>"结束。例如，下面是一个 JSP 页面的片段，如果我们用"http://host/test1.31.jsp?title=Core+Web+Programming"这个 URL 打开该页面，则结果显示"Thanks for ordering Core Web Programming"。

test1.31.jsp 源程序如下：

```
Thanks for ordering
<I><% = request.getParameter("title") %></I>
```

JSP 页面文件通常以.jsp 为扩展名，而且可以安装到任何能够存放普通 Web 页面的地方。虽然从代码编写来看，JSP 页面更像普通 Web 页面而不像 Servlet，但实际上，JSP 最终会被转换成正规的 Servlet，静态 HTML 直接输出到和 Servlet service 方法关联的输出流。

JSP 到 Servlet 的转换过程一般在出现第一次页面请求时进行。因此，如果希望第一个用户不会由于 JSP 页面转换成 Servlet 而等待太长的时间，希望确保 Servlet 已经正确地编译并装载，可以在安装 JSP 页面之后自己请求一下这个页面，这样 JSP 页面就转换成 Servlet 了。

另请注意，许多 Web 服务器允许定义别名，所以一个看起来指向 HTML 文件的 URL 实际上可能指向 Servlet 或 JSP 页面。

除了普通 HTML 代码之外，嵌入 JSP 页面的其他成分主要有如下三种：脚本元素（Scripting Element）、指令（Directive）和动作（Action）。脚本元素用来嵌入 Java 代码，这些 Java 代码将成为转换得到的 Servlet 的一部分；JSP 指令用来从整体上控制 Servlet 的结构；动作用来引入现有的组件或者控制 JSP 引擎的行为。为了简化脚本元素，JSP 定义了一组可以直接使用的变量（预定义变量），比如前面代码片段中的 request 就是其中一例。

2. JSP 语法概要

（1）JSP 表达式<%= expression %>：计算表达式并输出结果。等价的 XML 表达式：

```
<jsp:expression>
    expression
</jsp:expression>
```

可以使用的预定义变量包括：request、response、out、session、application、config、pageContext。这些预定义变量也可以在 JSP Scriptlet 中使用。

（2）JSP Scriptlet<% code %>：插入 service 方法的代码。等价的 XML 表达式：

```
<jsp:scriptlet>
    code
</jsp:scriptlet>
```

（3）JSP 声明<%! code %>：插入 Servlet 类（在 service 方法外）。等价的 XML 表

达式：

```
<jsp:declaration>
    code
</jsp:declaration>
```

（4）page 指令<%@ page att="val" %>：作用于 Servlet 引擎的全局性指令。等价的 XML 表达式：

```
<jsp:Directive.page  att = "val" \>
```

合法的属性如下所示：

```
import = "package.class"
contentType = "MIME-Type"
isThreadSafe = "true|false"
session = "true|false"
buffer = "size kb|none"
autoflush = "true|false"
extends = "package.class"
info = "message"
errorPage = "URL"
isErrorPage = "true|false"
language = "java"
```

（5）include 指令<%@ include file="URL" %>：当 JSP 转换成 Servlet 时，应当包含本地系统上的指定文件。等价的 XML 表达式：

```
<jsp:Directive.include   file = "URL" \>
<!--其中 URL 必须是相对 URL-->
```

利用 jsp:include 动作可以在请求的时候（而不是 JSP 转换成 Servlet 时）引入文件。

（6）JSP 注释<%-- comment --%>：JSP 转换成 Servlet 时被忽略。如果要把注释嵌入结果 HTML 文档，使用普通的 HTML 注释标记<-- comment -->。

（7）jsp:include 动作<jsp:include page="relative URL" flush="true"/>：当 Servlet 被请求时，引入指定的文件。如果你希望在页面转换的时候包含某个文件，使用 JSP include 指令。

注意：在某些服务器上，被包含文件必须是 HTML 文件或 JSP 文件，具体由服务器决定（通常根据文件扩展名判断）。

（8）jsp:useBean 动作<jsp:useBean att=val*/>或<jsp:useBean att=val*> ... </jsp: useBean>：寻找或实例化一个 JavaBean。可能的属性包括：

```
id = "name"
scope = "page|request
|session|application"
class = "package.class"
type = "package.class"
beanName = "package.class"
```

（9）jsp:setProperty 动作<jsp:setProperty att=val*/>：设置 bean 的属性，合法的属性包括：

```
name = "beanName"
property = "propertyName|*"
param = "parameterName"
value = "val"
```

（10）jsp:getProperty 动作<jsp:getProperty name="propertyName" value="val"/>：提取并输出 bean 的属性。

jsp:forward 动作 <jsp:forward page="relative URL"/> 把请求转到另外一个页面。

（11）jsp:plugin 动作 <jsp:plugin attribute="value"*>：根据浏览器类型生成 OBJECT 或者 EMBED 标记，以便通过 Java Plugin 运行 Java Applet。

3. 模板文本（静态HTML）

许多时候，JSP 页面的很大一部分都由静态 HTML 构成，这些静态 HTML 也称为"模板文本"。模板文本和普通 HTML 几乎完全相同，它们都遵从相同的语法规则，而且模板文本也是被 Servlet 直接发送到客户端。此外，模板文本也可以用任何现有的页面制作工具来编写。唯一的例外在于，如果要输出以"<%"开始，以"%>"结束，它们是成对出现的。

综合实训二　我的第一个JSP程序

前面章节介绍了 JSP 的历史、环境配置和简单语法。下面我们来运行第一个 JSP 程序，以对 JSP 有一个比较直观的了解。在运行第一个实例前再来了解一下 JSP 文件结构、主要标签及 JSP 的执行过程。JSP 文件结构及主要标签如下：

```
<%@ page contentType = "text/html;charset = gb2312" %>
<%@ page import = "java.util.*" %>
...
<HTML>
<BODY>
其他 HTML 语言
```

```
    %
        符合 Java 语法的 Java 语句
    %>
    其他 HTML 语言
</BODY>
</HTML>
```

图 2-1 和图 2-2 给出了 JSP 的具体执行过程，JSP 文件按照这一流程返回执行结果。

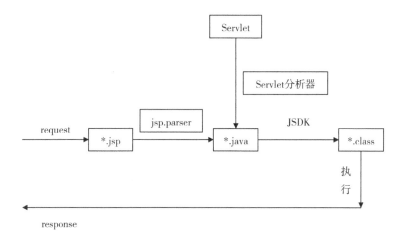

图2-1　JSP执行过程一

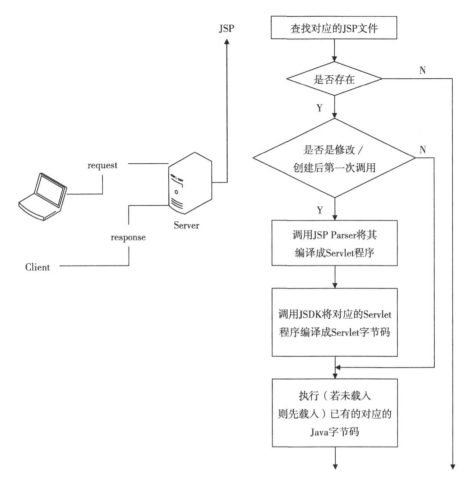

图2-2　JSP执行过程二

　　JSP 实际上是 JSP 定义的一些标记和 Java 程序段，以及 HTML 文件的混合体。所以，如果要掌握 JSP 首先必须对 HTML 有一定的了解（用于设计网页），也必须有 Java 程序的基础（要知道 JSP 是基于 Java 语言的），最后就是对 JSP 标识的一些必要的了解（它使你知道如何用 Java 语言及 HTML 组合成完整的 JSP），而本节我们主要是对 JSP 标识及语法规则进行介绍。JSP 简单易学，下面我们先从一段 JSP 程序学起（简单而经典的 HelloWorld.jsp）。

　　先在 C:\Tomcat5\webapps\myapp\webapp 下新建一个测试的 JSP 页面，文件名为 HelloWorld.jsp。HelloWorld.jsp 源程序如下：

```
< %page language = "java"% >
< ！--导入的Java包-- >
<HTML>
<HEAD>
```

```
        <title>Hello World!</title>
</HEAD>
<body bgcolor = "#FFFFFF">
    <%String msg = "JSP Example";
    //定义字符串对象
    out.println("Hello World!");
    %>
    <% = msg%><!-显示变量值->
</body>
</HTML>
```

然后启动 Tomcat，在浏览器中输入"http://localhost:8080/myapp/webapp/HelloWorld.jsp"，如果看到页面显示"Hello World！JSP Example"，就说明成功了。显示结果如图2-3 所示。

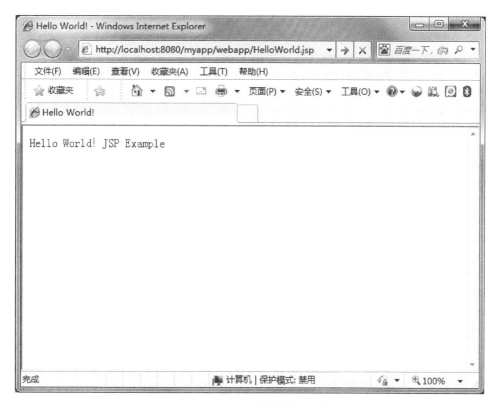

图2-3　Hello World测试代码显示结果

怎么样，一看就懂了吧？的确很简单，除去"<%%>"标识，其他的都是普通的超文本。它和超文本的区别就在于加入了"<%%>"标识，标识之中使用的是 Java 程序，由它来控制动态数据的显示，并直接输出到标识符所嵌入的位置，整个结构显得相当直观，以后如果页面发生了变化，修改也会十分容易。

项目小结

通过项目二的学习，你对 JSP 应该也有一点了解了吧？是的，学习 JSP 并不是一件难事。而且，以后你会越发感受到 JSP 的优势，它的跨平台特性在 Internet 开发程序中可谓是独树一帜，因为 JSP 技术是构建于 Java 语言之上的，它的很多特性和应用都来自 Java 语言，所以如果你要学好 JSP，需要有 Java 编程的基础。

第二部分　进阶入门篇

项目三 JSP语法

项目情境

JSP技术采用在HTML代码中内嵌Java代码的方式实现静态和动态内容的结合。因此，学好JSP就需要了解HTML和Java语言，同时还需要理解JSP是如何将HTML和Java结合起来，使服务器能够方便、快捷地加以解释。

本项目主要介绍JSP的基本语法，解释其基本功能和作用。首先给出JSP的概述、工作原理，然后介绍JSP的各种语法和语义。

学习目标

- 熟悉JSP的注释、指令、脚本元素和动作等基本语法知识。
- 能够在JSP中编写简单、规范的代码实例。

任务5 JSP概述

任务情境

这一部分简单介绍了JSP的概况，具体内容包括JSP容器、JSP页面、JSP的作用域和JSP的结构4部分。

相关知识

1. JSP容器

Java2企业版（J2EE）定义了几个容器，包括JSP容器、服务器小程序和企业级JavaBeans容器。容器为企业组建提供了在其中生存和活动的总体运行时环境，它管理组件的生存期并向组件提供不同的服务。此外，它还协调组件与更大的运行时环境之间的交互。

每一个 J2EE 容器都为它所担负责任的组建提供服务。JSP 容器将 JSP 转换为 Java 服务器小程序（Servlet）代码，然后将结果编译并加载到服务器小程序容器中。另外，它还协调服务器小程序容器与编译过的 JSP 之间的关系。服务器小程序容器为 Java 服务器小程序提供运行时环境。

2. JSP 页面

JSP 页面不会以其本来面目显示在网页上，JSP 容器会把 JSP 页面转换为 Servlet 代码，并重新解释。当浏览器第一次请求 JSP 页面时，将依次发生以下事件：

①解释 JSP 页面；

②生成 Java 服务器小程序（Servlet）代码；

③使用与 JSP 容器打包在一起的标准 Java 编译器将生成的服务器小程序编译为 Java 字节码；

④将服务器小程序加载到服务器小程序容器的 Java 虚拟机（Java Virtual Machine，JVM）；

⑤调用服务器小程序的 service 方法。

如果浏览器以后请求相同的 JSP 页面，那么只需执行上面的步骤⑤即可。但是当 JSP 页面发生变化时，必须重复上面 5 个步骤。从生成的文件代码来看，上述步骤可以简化为如图 3-1 所示的过程。

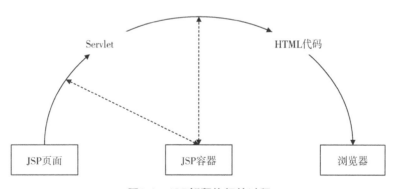

图3-1　JSP解释执行的过程

下面看一个非常简单的 JSP 页面 testJSP.jsp，它的功能是在页面上显示"简单的 JSP 页面"几个字，代码如下：

```
<!DOCTYPE HTML PUBLIC"-//W3C//DTD HTML 4.01 Transitional//EN">
<%@ page language = "java"contentType = "text/html; charset = GB2312" %>
<%@ page session = "false"%>
```

```
<html>
<head>
<% String str = "简单的JSP页面"; %>
</head>
<% = str %>
</html>
```

将该JSP文件放置到通过Eclipse创建的Tomcat项目目录下,启动Tomcat服务器。在客户端浏览器中输入该JSP页面对应的URL,会显示"简单的JSP页面"。同时,在该项目文件夹 work/org/apache/jsp 子目录下可以找到一个名为 testJSP_jsp.java 的文件,用文本编辑器打开该文件,可以看到如下转译后的Servlet源代码:

```
package org.apache.jsp;
import javax.servlet.*;
import javax.servlet.http.*;
import javax.servlet.jsp.*;
public final class testJSP_jsp extends org.apache.jasper.runtime.HttpJspBase implements
    org.apache.jasper.runtime.JspSourceDependent {
    private static java.util.Vector _jspx_dependants;
    public java.util.List getDependants() {
        return _jspx_dependants;
    }
    public void _jspService(HttpServletRequest request, HttpServletResponse response)
        throws java.io.IOException, ServletException {
        JspFactory _jspxFactory = null;
        PageContext pagecontext = null;
        ServletContext application = null;
        ServletConfig config = null;
        JspWriter out = null;
        Object page = this;
        JspWriter _jspx_page_context = null;
        try {
            _jspxFactory = JspFactory.getDefaultFactory();
            Response.setContentType("text/html; charset = GB2312");
            pageContext = _jspxFactory.getPageContext(this, request, response, null,
                false, 8192, true);
            _jspx_page_context = pageContext.getServletContext();
            application = pageContext.getServletConfig();
            config = pageContext.getServletConfig();
            out = pageContext.getOut();
            _jspx_out = out;
            out.write("<!DOCTYPE HTML PUBLIC \"-//W3C//DTD HTML 4.01
                Transitional//EN\">\r\n");
            out.write("\r\n");
            out.write("\r\n");
            out.write("<html>\r\n");
            our.write("<head>\r\n");
            out.write("    ");
            String str ="简单的JSP页面";
            out.write("\r\n");
            out.write("</head>\r\n");
            out.write("    ");
```

```
            out.point(str);
            out.write("\r\n");
            out.write("</html>");
        }
        catch(Throwable t) {
        if(!(t instanceof SkipPageException)) {
            out = _jspx_out;
            if(out != null && out.getBufferSize() != 0)
                out.clearBuffer();
            if(_jspx_page_context != null)
                _jspx_page_context.handlePageException(t);
            }
        }
        finally {
        if(_jspxFactory != null)
            _jspxFactory.releasepageContext(_jspx_page_context);
            }
        }
    }
}
```

对生成的 Servlet 各个模块的解释将在项目六中进行相关介绍。

3. JSP的作用域

JSP 页面的生成是从一个请求开始的，但是它所创建的一些 Java 对象的生命周期却可以跨越多个请求。所有的这些对象都有一个 scope 属性，它定义了指向该对象的引用在何处可用，以及容器何时删除该对象。

JSP 容器支持 4 种不同的作用域：

（1）页面：只能在创建对象的 JSP 页面内部使用"页面作用域"引用这些对象。JSP 容器在 JSP 页面返回一个响应或是将请求转发给另一个页面之后将删除所有这些对象。

（2）请求：可以使用"请求作用域"从处理同一请求的任何页面访问对象。一个页面可能将请求转发给另一个页面，这样就会有多个页面处理同一个请求。所有的这些页面都可以访问请求作用域内的对象，JSP 容器将在请求完成后删除这些对象。

（3）会话：可以使用"会话作用域"使同一个会话中所有页面都能访问这些对象。JSP 容器将会在会话结束时删除这些对象。

（4）应用程序：可以使用"应用程序作用域"在同一个 Web 应用程序内的任何位置访问这些对象。JSP 容器将在重新加载服务器小程序环境时（通常在服务器重新启动时）删除这些对象。

4. JSP的结构

按类别组织的 JSP 结构图表可以帮助我们更清晰地了解它，如图 3-2 所示为 JSP 的组织结构。

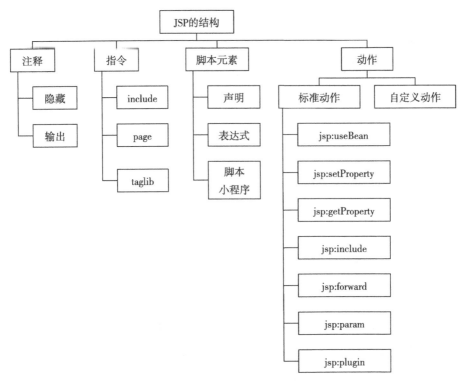

图3-2　JSP的组织结构

任务6　JSP注释

任务情境

JSP 页面中的注释有两种方式：一种是由页面生成的 HTML 注释；另一种是只在 JSP 页面中可视的隐藏注释。本任务将结合示例具体介绍这两种注释的语法格式和使用过程中的注意事项。

相关知识

1. HTML注释

HTML 注释会在客户端的 HTML 源代码显示一个注释，其语法格式如下：

```
<!-- 注释 [ <% = 表达式 % ] -->
```

例子1：

```
<!-- 这是一个HTML注释 -->
```

在客户端的源代码中产生和上面一样的数据:

```
<!-- 这是一个 HTML 注释 -->
```

例子 2:

```
<!-- 页面生成于<%(new java.util.Date()).toLocaleString() %>   -->
```

在客户端的 HTML 源代码中显示如下注释:

```
<!-- 页面生成于 2005 年 8 月 24 日 -->
```

注意:这种注释和 HTML 代码的注释很像,也就是它可以在"查看源代码"中看到。唯一不同的是,可以在这个注释中用表达式(例子 2 所示)。这个表达式是不定的,因页面不同而不同,我们可以在此使用各种合法的表达式。

2. 隐藏注释

隐藏注释写在 JSP 程序中,但不发送到客户端,其语法格式如下:

```
<% -- 注释 --%>
```

例子:

```
<%@ page language = "java" %>
<html>
    <head>
        <title>注释测试</title>
    </head>
    <body>
        <h2>这是一个注释的测试程序</h2>
        <%-- 这段注释在客户端应不可见 --%>
    </body>
</html>
```

注意:用隐藏注释标记的字符会在 JSP 编译时被忽略掉。这种注释在我们希望隐藏或注释 JSP 程序时是很有用的。

JSP 编译器不会对<%--和--%>之间的语句进行编译,它不会显示在客户端的浏览器中,也不会在源代码中看到<%--和--%>之间的语句。

任务7 JSP指令

任务情境

JSP 指令是为 JSP 引擎而设计的，它们并不直接产生任何可见的输出，只是告诉引擎如何处理 JSP 页面。其通用的语法格式如下：

```
<%@ 指令名 [属性 = "值"属性 = "值"...] %>
```

这里主要讨论 3 种标准 JSP 指令：page、include 和 taglib。

相关知识

1. page指令

page 指令设置影响到页面解释和执行方式的属性。在 page 指令中定义的属性适用于该 JSP 页面及所有包含的静态文件，其基本语法格式如下：

```
<%@ page [属性 = "值"属性 = "值"...] %>
```

表 3-1 列出了 page 指令的属性。

表 3-1 page 指令的属性

属性	描述
language	表示页面所使用的脚本语言，默认值为 Java
extends	定义生成的服务器小程序（Servlet）的父类
import	Java 导入声明
session	决定 JSP 页面是否可以使用 session 对象，默认值为 true
buffer	决定输出流是否有缓冲区，默认值为 8KB 的缓冲区
autoFlush	决定输出流的缓冲区是否要自动清除，默认值为 true
isThreadSafe	决定该 JSP 页面能否处理一个以上的请求，默认值为 true
info	表示该 JSP 页面的相关信息
errorPage	表示如果发生异常错误，网页将会重定向到由该属性指定的 URL
isErrorPage	表示该 JSP 页面是否为处理异常错误的网页
ContentType	表示 MIME 类型和 JSP 页面的编码方式

例子：

```
<%@ page import = "java.util.*, java.lang.*"%>
<%@ page buffer = "5kb"autoFlush = "false"%>
<%@ page errorPage = "error.jsp*"%>
```

注意：<%@ page %>指令作用于整个 JSP 页面，同样包括静态的包含文件。但是<%@page %>指令不能作用于动态的包含文件，如<jsp:include>。

在一个页面中可以有多个<%@page%>指令，但是其中的属性只能用一次，不过也有个例外，那就是 import 属性。因为 import 属性和 Java 中的 import 语句差不多（参照 Java 语言），所以在 JSP 页面中可以多次使用此属性。

无论<%@ page %>指令放在 JSP 的哪个位置，它的作用范围都是整个 JSP 页面。不过，为了 JSP 程序的可读性，以及养成良好的编程习惯，最好还是把它放在 JSP 文件的顶部。

2. include指令

include 指令指示 JSP 容器在指令出现的位置包含一个特定的资源。包含的资源可以是 JSP 网页、HTML 网页、文本文件或者是一段 Java 程序。其语法格式如下：

```
<%@ include file = "文件的路径"%>
```

include 指令只有一个 file 属性，该属性用于指定要包含的资源的路径。下面是一个简单例子：

```
<html>
    <head>
        <title>include 指令演示</title>
    </head>
    <body>
        下面将显示所要包含文件的内容：<br>
        <%@ include file = "test.jsp"%>
    </body>
</html>
```

包含的 test.jsp 的文件的代码如下所示：

```
<html>
    <head>
    </head>
    <body>
        当前的系统日期是：<%@ new java.util.Date() %>
    </body>
</html>
```

显示结果如图 3-3 所示。有关 JSP 的表达式将在任务 8 中介绍。

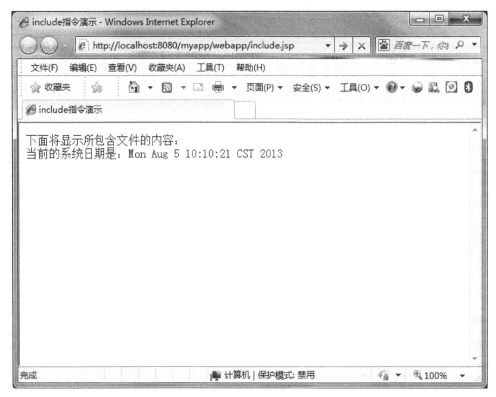

图3-3 include指令演示

3. taglib指令

taglib 指令用于定义一个标签库及其自定义标签的前缀，其语法格式如下：

```
<%@ taglib uri = " "   prefix = " "  %>
```

该指令包含如下两个属性：

（1）uri：指定标签库的路径。

（2）prefix：在自定义标签之前的前缀。

例子：

```
<%@ taglib uri = "/tlbs/TableGenerator.tld"   prefix = "tg"  %>
```

如果 TableGenerator.tld 标签库定义了一个名为 table 的标签，那么页面中就可以包含下述类型的标签：

```
<tg:table>
```

```
...
</tg:table>
```

注意:<% @taglib %>指令声明此 JSP 文件使用了自定义的标签,同时引用标签库,也指定了它们的标签前缀。

必须在使用自定义标签之前使用<% @taglib %>指令,而且可以在一个页面中多次使用,但是前缀只能使用一次。

任务8　JSP脚本元素

任务情境

本任务主要介绍 3 种脚本元素:声明、表达式和脚本小程序 Scriptlet。

(1)我们使用声明来定义变量、声明方法、内部类或类一级的任何合法的 Java 结构。

(2)我们可以向 JSP 表达式中插入任何合法的 Java 表达式。

(3)脚本小程序 Scriptlet 向 JSP 页面中插入任何有效的 Java 代码片段。

相关知识

1. JSP声明

在 JSP 程序中声明合法的变量和方法的语法格式如下:

```
<%! 声明(s) %>
```

一个 JSP 页面中可以插入任意多个 JSP 声明,在 JSP 声明中插入任意多个 Java 声明。

例子:

(1)变量声明:

```
<%! int a = 0 %>
<%! Circle b = new Circle(2,0) %>
```

(2)方法声明:

```
<%!
    public String fun() {
        return("函数 fun() !");
    }
%>
```

(3)内部类的声明:

```
<%!
    class InnerClass {
        public String Count(int num) {
            return("InnerClass [" + num + "]");
        }
    }
%>
```

2. 表达式

在 JSP 页面中包含一个符合 JSP 语法的表达式的语法格式如下：

```
<% = 表达式 %>
```

表达式可以很简单也可以很复杂，它可以是一个变量、算术表达式或方法调用等。

例子：

```
<% = a %> //a 是已经声明并赋值的变量
<% = (1+2)*4 %>
<% = fun() %>
```

注意：不能用分号（";"）来作为表达式的结束符。有时候表达式也能作为其他 JSP 元素的属性值。

3. 脚本小程序Scriptlet

Scriptlet 是用于处理 HTTP 请求的一个或多个 Java 语句的集合，包含一个有效的程序段，其语法格式如下：

```
<% 程序段：[程序段；...] %>
```

JSP 编译器在_jspService()方法的主体中不修改包含 Scriptlet 的内容。JSP 页面可以包含任意数目的 Scriptlet。如果存在多个 Scriptlet，则每一个都附加到_jspService()方法中，并按照其编号排序。因此，一个 Scriptlet 可以包含被括在大括号中的另外一个 Scriptlet。下面的例子是一个华氏温度到摄氏温度的转换表：

```
<% page import = "java.text.*"%>
<TABLE BORDER = 0 CELLPADDING = 3>
<TR>
    <TH>Degrees<BR>Rahrenheit </TH>
    <TH>Degrees<BR>Celsius </TH>
</TR>
<%
NumberFormat.fmt = new DecimalFormat("###.000");
For(int f = 32; f<= 212; f+=20) {
    Double c = ((f-32)*5)/9.0;
```

```
            String cs = fmt.format(c);
%>
<TR>
    <TD ALIGN = "RIGHT"><% = f %></TD>
    <TD ALIGN = "RIGHT"><% = cs %></TD>
</TR>
<%
    }
%>
</TABLE>
```

实例代码包含两个 Scriptlet：一个对应循环主体；一个对应大括号。在两个 Scriptlet 之间是表格行的 HTML 标记，使用 JSP 表达式访问其值。生成的 Scriptlet 代码将 Scriptlet 内容转换，其代码如下：

```
NumberFormat fmt = new DecimalFormat("###.000");
For(int f = 32; f <= 222; f += 20) {
    Double c = ((f-32)*5)/9.0;
    String cs = fmt.format(c);
    out.write("\r\n<TR>\r\n<TD ALIGN = \"RIGHT\">");
    out.print(f);
    out.write("</TD>\r\n");
    out.write("\r\n<TD ALIGN = \"RIGHT\">");
    out.print(cs);
    out.write("</TD>\r\n");
    out.write("</TR>\r\n");
}
```

输出如表 3-2 所示。

表 3-2 温度转换

华氏度	32	52	72	92	112	132	152	172	192	212
摄氏度	0.000	11.111	22.222	33.333	44.444	55.556	66.667	77.778	88.889	100.000

任务9 JSP操作

任务情境

JSP 操作将代码处理程序与特殊的 JSP 标记关联在一起。根据可扩展标记语言（eXtensible Markup Language，XML）规范，这些标记有两种可能的格式：

```
<前缀：标记名 [属性名 = ""...] > 标记主体 </前缀：标记名>
<前缀：标记名 [属性名 = ""...] />
```

第一种格式包括一个开始标记、零个或多个标记属性、一个标记主体，以及一个包括前缀和标记名的结束标记；第二种格式包括一个开始标记、零个或多个标记属性，以及一个结束标记。第二种格式正好相当于标记主体为空白的第一种格式。在解释一个 JSP 页面时，JSP 容器会在遇到这些特殊标记时调用相关联的处理程序。

　　JSP 规范要求 JSP 容器支持一组标准的 JSP 操作，以及一种开发自定义操作（标记库）的机制。本节主要介绍标准操作，所有的标准操作都使用保留的前缀 jsp，下面分别介绍这些标准操作，操作的语法格式一般按照第一种方式介绍。

相关知识

1. \<jsp:useBean>、\<jsp:setProperty>和\<jsp:getProperty>操作

这三个操作主要用于 JSP 对 JavaBean 的支持，我们将在本书项目五进行介绍。

2. \<jsp:include>操作

\<jsp:include>操作允许包含动态文件和静态文件，这两种产生的结果是不尽相同的。如果包含的是静态文件，那么只是把它的内容加载到 JSP 网页中；如果包含的是动态文件，那么这个被包含的文件也会被 JSP 容器编译执行。

\<jsp:include>操作的语法格式如下：

```
<jsp:include page = "{relativeURL | <% = expression%>}" flush = "true | false" >
```

标记主体：

```
</jsp:include>
```

\<jsp:include>有两个属性：page 和 flush。page 可以代表一个相对路径，表示要包含的文件的所在位置；flush 的值为布尔类型，若为 true，则表示缓冲区满时将会被清空，其默认值为 false。

例子：

```
<jsp:include page = "scripts/Hello.jsp" />
<jsp:include page = "scripts/login.jsp" />
    <jsp:param name = "username" value = "adminisrator" />
    <jsp:param name = "password" value = "123456" />
</jsp>
```

\<jsp:param>用于传递一个或多个参数给 JSP 网页，它的用法将在后面介绍。

3. \<jsp:forward>操作

\<jsp:forward>操作用于将客户端发出的请求从一个 JSP 网页转交给另一个 JSP 网页，其语法格式如下：

```
<jsp:forward page = {"relativeURL" | "<% = expression %>"} >
```

标记主体：

```
</jsp:forward>
```

<jsp:forward>操作只有一个 page 属性，它可以是一个相对路径，即要重新定向的网页位置，也可以是经过表达式运算的相对路径。

例子：

```
<%
    out.printIn("可以被执行！");
%>
<jsp:forward page = "hello.jsp">
    <jsp:param name = "username"  value = "Administrator">
</jsp:forward>
<%
    out.printIn("不会被执行！");
%>
```

在运行上面例子时，会打印出"可以被执行！"，之后转入 hello.jsp 页面，所以后面的"out.printIn("不会被执行！")"语句将不被执行。使用<jsp:param>可以向目标文件传送参数和值。

4. <jsp:param>操作

<jsp:param>操作用于向一个动态文件发送一个或多个参数，如果想传递多个参数，可以在一个 JSP 文件中使用多个<jsp:param>。其语法格式如下：

```
<jsp:param name = "parameterName"  value = {"parameterValue" | "<% = expression%>"}
 />
```

<jsp:param>操作共有两个属性：name 和 value。其中，name 是指参数的名称；value 是指参数的值。

5. <jsp:plugin>、<jsp:params>和<jsp:fallback>操作

<jsp:plugin>元素用于在浏览器中播放或显示一个对象（典型的对象是 applet 和 bean）。当 JSP 文件被编译送往浏览器时，<jsp:plugin>将会根据浏览器的版本替换成<object>元素或者<embed>元素。

注意：<object>用于 HTML4.0，<embed>用于 HTML3.2。

一般来说，<jsp:plugin>会指定对象是 applet 还是 bean，同样也会指定 class 的名字

和位置，另外还会指定将从哪里下载这个 Java 插件。

其语法格式如下：

```
<jsp:plugin type = "bean | applet" code = "classFileName" codebase = "classFileDirectory Name">
    [ name = "instanceName" ]
    [ archive = "URIToArchive, …" ]
    [ align = "bottom | top | middle | left | right"]
    [ height = "displayPixels" ]
    [ width = "displayPixels" ]
    [ hspace = "leftRightPexels" ]
    [ vspace = "topBottomPixels" ]
    [ jreversion = "JREVersionNumber" ]
    [ nspluginur = "URLToPlugin" ]
[ iepluginurl = "URLToPlugin" ] >
[<jsp:param>
[<jsp:param name = "paramName"    value = "{paramValue | <% = expression %>}" />] +
</jsp:params>]
[<jsp:fallback> text message for user </jsp:fallback>]
</jsp:plugin>
```

表 3-3 描述了<jsp:plugin>的属性。

表 3-3 <jsp:plugin>的属性

属性	描述
type	指定将被执行的插件对象的类型，必须指定是 bean 还是 applet，因为该属性没有默认值
code	将会被 Java 插件执行的 Java Class 的名字，必须以.class 结尾，且该文件必须存在于 codebase 属性指定的目录中
codebase	将会被执行的 Java Class 文件的目录（或者是路径），如果没有提供此属性，那么将使用<jsp:plugin>的 JSP 文件的目录
name	指定这个 bean 或 applet 实例的名字，它将在 JSP 页面的其他地方调用
archive	一些由逗号分开的路径名，这些路径名用于预装一些将要使用的 class，这会提高 applet 的性能
align	图形、对象、applet 的位置
height、width	applet 或 bean 将要显示的长宽值，此值为数字，单位为像素
hspace、vspace	applet 或 bean 显示时在屏幕左右、上下所需留下的空间，单位为像素
Jreversion	applet 或 bean 运行所需的 Java Runtime Environment（JRE）的版本
nspluginurl	Netscape Navigator 用户能够使用的 JRE 的下载地址，此值为一个标准的 URL，如

属性	描述
	http://www.aspcn.com/jsp
iepluginurl	IE 用户能够使用的 JRE 的下载地址,此值为一个标准的 URL,如 http://www.aspcn.com/jsp

标记主体描述<jsp:params>的语法格式如下:

```
<jsp:params>
  [<jsp:param name = "paramName"  value = "{paraValue | <% = expression %>}" />]+
</jsp>
```

它用于指定向 applet 或 bean 传送的参数或参数值。

<jsp:fallback>元素用于当客户端浏览器不能启动 applet 或 bean 时,浏览器要显示的错误信息,其语法格式如下:

```
<jsp:fallback>给用户的文本信息</jsp:fallback>
```

例子:

```
<jsp:plugin type = "applet"  code = "Test.class"  codebase = "/scripts" >
    <jsp:params>
        <jsp:param name = "username"  value = "Administrator" />
    </jsp:params>
    <jsp:fallback>
        <p>不能启动 applet!</p>
    </jsp:fallback>
</jsp:plugin>
```

综合实训三　JSP语法练手小实例

实例 1　向客户端浏览器传回表格

下面的实例融入了项目三介绍的大部分语法,其功能是向客户端浏览器传回一个 HTML 表格,其中包括浏览器发送的 HTTP 请求头标。

```
<%@ page language = "java"  contentType = "text/html; charset = gb2312" %>
<%@ page import = "java.util.*" %>
<html>
    <head>
        <title>JSP 语法示例</title>
        <style>
            <jsp:include page = "style.css"  flush = "true" />
        </style>
    </head>
```

```
    <body>
        <h2>接收到的 HTTP 请求头标信息</h2>
        <table border = "1"  cellpadding = "4"  cellspacing = "0" >
        <%
            Enumeration Names = request.getHeaderNames();
            while( Names.hasMoreElements()) {
                String name = (String)Names.nextElement();
                String value = request.getHeader(name); //String value = "tet";
        %>
        <tr>
            <td> <% = name %> </td>
            <td> <% = value %> </td>
        </tr>
        <%
        }
        %>
    </body>
</html>
```

启动 Tomcat，运行程序，实例 1 的运行结果如图 3-4 所示。

图3-4 实例1的运行结果

实例 2 在 JSP 中定义函数

在本实例中，我们介绍在 JSP 中定义函数的实现方法。实例 2 的源程序如下所示，程序中定义了 String hello()函数，实现打印文字功能。

```
<%@ page contentType = "text/html; charset = gb2312" %>
//设置页面编码,否则中文会因编码错误而出现乱码
<%!
String hello() {
    return "欢迎进入 JSP, ^_^";
}
%>
<html>
    <head>
        <meta http-equiv = "Content-Type" content = "text/html; charset = gb2312">
        <title>在 JSP 中定义函数</title>
    </head>
    <body>
        <% = hello()%>
    </body>
</html>
```

启动 Tomcat,运行程序,实例 2 的运行结果如图 3-5 所示。

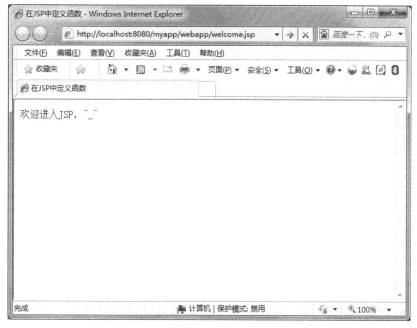

图3-5 实例2的运行结果

项目小结

项目三介绍了 JSP 的基本语法,解释其基本功能和作用,并给出了两个具体的实例以供读者上手和熟悉。熟能生巧,同学们在学习的过程中应该辅以大量的练习,才能熟悉 JSP 的各种语法。

项目四　JSP组件

项目情境

项目三对 JSP 的基本语法进行了介绍，在项目四我们将具体介绍 JSP 组件的相关知识。具体来说，我们将介绍 JSP 9 种基本内置组件、JSP 中 session 的应用及 JSP 中 forward 的应用。

学习目标

- 熟悉 JSP 9 种基本内置组件。
- 熟练掌握 JSP 中 session 的应用方法。
- 熟练掌握 JSP 中 forward 的应用方法。

任务10　JSP 9种基本内置组件

任务情境

JSP 共有 9 种基本内置组件，在本任务中我们将对这些基本内置组件的作用和应用进行具体介绍。

相关知识

以下列出了 JSP 9 种基本内置组件（可与 ASP 的 6 种内部组件相对应）：

（1）Request：用户端请求，此请求会包含来自 GET/POST 请求的参数。

（2）Response：网页传回用户端的回应。

（3）PageContext：网页的属性是在这里管理。

（4）Session：与请求有关的会话期。

（5）Application：Servlet 正在执行的内容。

（6）Out：用来传送回应的输出。

（7）Config：Servlet 的构架部件。

（8）Page：JSP 网页本身。

（9）Exception：针对错误网页，未捕捉的例外。

你可以使用它们来存取执行 JSP 程序代码的 Servlet。为了避免谈论到太多 Servlet API 的细节，让我们来检视一些可以利用它们来做的事。

（1）不必使用运算式，你可以调用 out.println 打印一些东西到 response：

```
<% out.println("Hello"); %>
```

（2）不必直接传送参数到 JavaBean，你可以按照请求部件来取得参数的值：

```
<% String name = request.getParameter("name");
   out.println(name); %>
```

会话状态维持是 Web 应用开发者必须面对的问题。有多种方法可以用来解决这个问题，如使用 cookies、隐藏的表单输入域，或直接将状态信息附加到 URL 中。Java Servlet 提供了一个在多个请求之间持续有效的会话对象，该对象允许用户存储和提取会话状态信息。JSP 也同样支持 Servlet 中的这个概念。

在 Sun 的 JSP 指南中可以看到许多有关隐含对象的说明（隐含的含义是，这些对象可以直接引用，不需要显式地声明，也不需要专门的代码创建其实例）。例如 request 对象，它是 HttpServletRequest 的一个子类。该对象包含了所有有关当前浏览器请求的信息，包括 cookies、HTML 表单变量等。session 对象也是这样一个隐含对象。这个对象在 JSP 页面被装载时自动创建，并被关联到 request 对象上。与 ASP 中的会话对象相似，JSP 中的 session 对象对于那些希望通过多个页面完成一个事务的应用是非常有用的。

为说明 session 对象的具体应用，接下来我们用三个页面模拟一个多页面的 Web 应用。第一个页面（q1.html）仅包含一个要求输入用户名字的HTML 表单，代码如下：

```
<html>
<body>
<form method = post action = "q2.jsp">
    请输入您的姓名：
    <input type = text name = "thename">
    <input type = submit value = "submit">
</form>
</body>
</html>
```

第二个页面是一个 JSP 页面（q2.jsp），它通过 request 对象提取 q1.html 表单中的

thename 值，将它存储为 name 变量，然后将这个 name 值保存到 session 对象中。session 对象是一个名字/值对的集合，在这里，名字/值对中的名字为"thename"，值即为 name 变量的值。由于 session 对象在会话期间是一直有效的，因此这里保存的变量对后继的页面也有效。q2.jsp 的另外一个任务是询问第二个问题。下面是它的代码：

```jsp
<%@ page contentType = "text/html;charset = gb2312" %>
<html>
    <body>
    <%@ page language = "java" %>
    <%! String name = ""; %>
    <%
        name = request.getParameter("thename");
        session.putValue("thename", name);
    %>
    您的姓名是：   <% = name %>
    <p>
    <form method = post action = "q3.jsp">
        您喜欢吃什么?
        <input type = text name = "food">
        </p>
        <input type = submit value = "submit">
    </form>
    </body>
</html>
```

第三个页面也是一个 JSP 页面（q3.jsp），主要任务是显示问答结果。它从 session 对象提取 thename 的值并显示它，以此证明虽然该值在第一个页面输入，但通过 session 对象得以保留。q3.jsp 的另外一个任务是提取在第二个页面中的用户输入并显示它：

```jsp
<%@ page contentType = "text/html;charset = gb2312" %>
<html>
    <body>
    <%@ page language = "java" %>
    <%! String food = ""; %>
    <%
        food = request.getParameter("food");
        String name = (String) session.getValue("thename");
    %>
    您的姓名是：
    <% = name %>
    <p>
    您喜欢吃：
    <% = food %>
    </p>
    </body>
</html>
```

启动 Tomcat，运行程序，运行结果如图 4-1 所示。

图4-1 内置组件示例代码的运行结果

任务11 JSP中session的应用

任务情境

HTTP 协议是无状态的，即信息无法通过 HTTP 协议本身进行传递。为了跟踪用户的操作状态，JSP 使用一个叫 HttpSession 的对象实现同样的功能。HttpSession 是一个建立在 cookies 和 URL-rewriting 上的高质量的界面。session 的信息保存在服务器端，session 的 id 保存在客户机的 cookies 中。事实上，在许多服务器上，如果浏览器支持的话它们就使用 cookies，但是如果不支持或废除了的话就自动转化为 URL-re- writ-ing，session 自动为每个流程提供了方便的存储信息的方法。

相关知识

session 一般在服务器上设置了一个 30 分钟的过期时间，当客户停止活动后自动失效。session 中保存和检索的信息不能是基本数据类型如 int、double 等，而必须是 Java 的相应的对象，如 Integer、Double。

HttpSession 具有如下 API：

（1）getId：此方法返回唯一的标识，这些标识为每个 session 而产生。当只有一个单一的值与一个 session 联合时，或当日志信息与先前的 sessions 有关时，它被当作键名。

（2）getCreationTime：返回 session 被创建的时间。最小单位为千分之一秒。为得到一个对打印输出很有用的值，可将此值传给 Date constructor 或者 GregorianCalendar 的方法 setTimeInMillis。

（3）getLastAccessedTime：返回 session 最后被客户发送的时间。最小单位为千分之一秒。

（4）getMaxInactiveInterval：返回总时间（秒），负值表示 session 永远不会超时。

（5）getAttribute：取一个 session 相联系的信息。（在 jsp1.0 中为 getValue）Integer item =（Integer）session.getAttrobute（"item"）//检索出 session 的值并转化为整型。

（6）setAttribute：提供一个关键词和一个值。会替换掉任何以前的值。（在 jsp1.0 中为 putValue）session.setAttribute（"ItemValue"，itemName），itemValue 必须不是 must 简单类型。

在应用中使用最多的是 getAttribute 和 setAttribute。现以一个简单的例子来说明 session 的应用。TestSession1 程序实现将信息写入 session，TestSession2 程序实现从 TestSession.jsp 中读出信息。

TestSession1.jsp 源程序如下：

```jsp
<%@ page contentType = "text/html;charset = gb2312" %>
<html>
    <head>
        <title> Document </title>
    </head>
    <body bgcolor = "#FFFFFF">session.setAttribute:
    <%
        session.setAttribute("str",new String("this is test"));
    %>
    <input type = "submit" onclick = "javascript:window.location.replace('TestSession2.jsp')"
    >
    </body>
</html>
```

TestSession2.jsp 源程序如下：

```jsp
<%@ page contentType = "text/html;charset = gb2312" %>
<html>
    <head>
        <title> New Document </title>
    </head>
    <body bgcolor = "#FFFFFF">
    <%
        String ls_str = null;
        ls_str = (String)session.getAttribute("str");
        out.println("从 Session 里取出的值为："+ls_str);
    %>
    </body>
```

```
</html>
```

启动 Tomcat,程序运行的结果如图 4-2 所示。

图4-2　session操作示例的运行结果

任务12　JSP中forward的应用

任务情境

JSP 中使用 JSP forward action 来实现页面的跳转功能。这一部分我们将对 forward 的语法和具体应用做具体介绍。

相关知识

语法:

```
<jsp:forward page = "{relativeURL|<% = expression %>}"/> 或
<jsp:forward page = "{relativeURL|<% = expression %>}">
<jsp:param name = "parameterName"
value = "{parameterValue|<% = expression %>}"/>+</jsp:forward>
```

通过这个 action,可将 request 向前到另外一个页面。它只有一个属性 page。page 应由一个相对的 URL 组成。这可以是一个静态的值或者是能够在被请求的时候计算得到的值,就如下面两个例子一般:

```
<jsp:forward page = "/utils/errorReporter.jsp"/>
<jsp:forward page = "<% = someJavaExpression %>"/>
!supportEmptyParas]>
```

现在以一个具体例子来说明：在 TestForward1 中使用 Forward 使其跳转到 TestForward2 页面中。

TestForward1.jsp 源程序如下：

```
<%@ page contentType = "text/html; charset = gb2312" language = "java"%>
<html>
    <head>
        <title>Forward Test</title>
    </head>
    <body bgcolor = "#FFFFFF">
        <!--跳转到TestForward2.jsp--!>
        <jsp:forward page = "/webapp/ TestForward2.jsp"/>
    </body>
</html>
```

TestForward2.jsp 源程序如下：

```
<%@ page contentType = "text/html; charset = gb2312" language = "java"%>
<html>
    <head>
        <title>Forward Test </title>
    </head>
    <body bgcolor = "#FFFFFF">
        <%out.println("这是TestForward2.jsp页面产生的输出");%>
    </body>
</html>
```

启动 Tomcat，运行 TestForward1.jsp，可在浏览器中看见如图 4-3 所示的内容。

图4-3　forward操作示例的运行结果

综合实训四　JSP组件练手小实例

实例 3　CGI

该程序实现的功能是在JSP中获取各种CGI环境变量，并显示到前端页面中，该实例的源程序如下：

```
<%@ page contentType = "text/html; charset = gb2312" %>
<%@ page session = "false" import = "java.util.*" %>
<%!
Enumeration enumNames;
String strName,strValue;
%>
<html>
    <head>
    <meta http-equiv = "Content-Type" content = "text/html; charset = gb2312">
    <title>JSP中获取各种CGI环境变量</title>
    </head>
    <body>
    <table border = 1 cellspacing = 0 cellpadding = 0 align = center>
    <tr>
     <th>Name</th>
     <th>Value</th>
    </tr>
    <tr>
    <td> <% = strName%></td>
    <td> <% = strValue%></td>
    </tr>
    <tr>
    <th>Name</th>
    <th>Value</th>
```

```html
        </tr>
        <tr>
        <td> CharacterEncoding</td>
        <td> <% = request.getCharacterEncoding()%></td>
        </tr>
        <tr>
        <td> CONTENT_LENGTH</td>
        <td> <% = request.getContentLength()%></td>
        </tr>
        <tr>
        <td> CONTENT_TYPE</td>
        <td> <% = request.getContentType()%></td>
        </tr>
        <tr>
        <td> SERVER_PROTOCOL</td>
        <td> <% = request.getProtocol()%></td>
        </tr>
        <tr>
        <td> REMOTE_ADDR</td>
        <td> <% = request.getRemoteAddr()%></td>
        </tr>
        <tr>
        <td> REMOTE_HOST</td>
        <td> <% = request.getRemoteHost()%></td>
        </tr>
        <tr>
        <td> Scheme</td>
        <td> <% = request.getScheme()%></td>
        </tr>
        <tr>
        <td> SERVER_NAME</td>
        <td> <% = request.getServerName()%></td>
        </tr>
        <tr>
        <td> SERVER_PORT</td>
        <td> <% = request.getServerPort()%></td>
        </tr>
        <tr>
        <td> AUTH_TYPE</td>
        <td> <% = request.getAuthType()%></td>
        </tr>
        <tr>
        <td> REQUEST_METHOD</td>
        <td> <% = request.getMethod()%></td>
        </tr>
        <tr>
        <td> PATH_INFO</td>
        <td> <% = request.getPathInfo()%></td>
        </tr>
        <tr>
        <td> PATH_TRANSLATED</td>
        <td> <% = request.getPathTranslated()%></td>
        </tr>
        <tr>
        <td> QUERY_STRING</td>
        <td> <% = request.getQueryString()%></td>
```

```
        </tr>
        <tr>
<td> REMOTE_USER</td>
<td> <% = request.getRemoteUser()%></td>
        </tr>
        <tr>
<td> REQUEST_URI</td>
<td> <% = request.getRequestURI()%></td>
        </tr>
        <tr>
<td> SCRIPT_NAME</td>
<td> <% = request.getServletPath()%></td>
        </tr>
        </table>
        </body>
 </html>
```

启动 Tomcat，运行程序，运行结果如图 4-4 所示。

图4-4　实例3运行结果

实例 4　JSP 中 request 变量列表

该程序实现的功能是获取 JSP 中 request 变量列表，并显示到前端页面中，该实例的源程序如下：

```jsp
<%@ page contentType = "text/html; charset = gb2312" %>
<%
    out.println("Protocol: " + request.getProtocol() + "<br>");
    out.println("Scheme: " + request.getScheme() + "<br>");
    out.println("Server Name: " + request.getServerName() + "<br>" );
    out.println("Server Port: " + request.getServerPort() + "<br>");
    out.println("Protocol: " + request.getProtocol() + "<br>");
    out.println("Server Info: " + getServletConfig().getServletContext().getServerInfo() +
        "<br>");
    out.println("Remote Addr: " + request.getRemoteAddr() + "<br>");
    out.println("Remote Host: " + request.getRemoteHost() + "<br>");
    out.println("Character Encoding: " + request.getCharacterEncoding() + "<br>");
    out.println("Content Length: " + request.getContentLength() + "<br>");
    out.println("Content Type: "+ request.getContentType() + "<br>");
    out.println("Auth Type: " + request.getAuthType() + "<br>");
    out.println("HTTP Method: " + request.getMethod() + "<br>");
    out.println("Path Info: " + request.getPathInfo() + "<br>");
    out.println("Path Trans: " + request.getPathTranslated() + "<br>");
    out.println("Query String: " + request.getQueryString() + "<br>");
    out.println("Remote User: " + request.getRemoteUser() + "<br>");
    out.println("Session Id: " + request.getRequestedSessionId() + "<br>");
    out.println("Request URI: " + request.getRequestURI() + "<br>");
    out.println("Servlet Path: " + request.getServletPath() + "<br>");
    //out.println("Accept: " + request.getHEADer("Accept") + "<br>");
    //out.println("Host: " + request.getHEADer("Host") + "<br>");
    //out.println("Referer : " + request.getHEADer("Referer") + "<br>");
    //out.println("Accept-Language : " + request.getHEADer("Accept-Language") + "<br>");
    //out.println("Accept-Encoding : " + request.getHEADer("Accept-Encoding") + "<br>");
    //out.println("User-Agent : " + request.getHEADer("User-Agent") + "<br>");
    //out.println("Connection   : " + request.getHEADer("Connection ") + "<br>");
    out.println("Created : " + session.getCreationTime() + "<br>");
    out.println("LastAccessed : " + session.getLastAccessedTime() + "<br>");
%>
```

启动 Tomcat，运行程序，运行结果如图 4-5 所示。

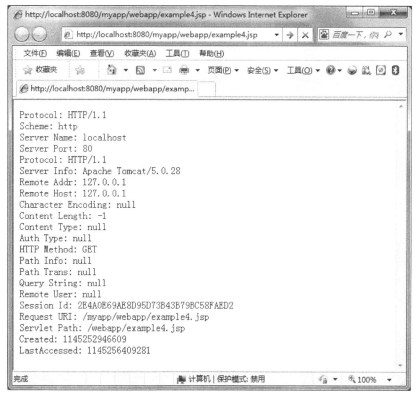

图4-5 实例4运行结果

项目小结

通过项目四的内容,我们了解了JSP的基本知识,包括语法、指令、动作、内置组件。从中我们可以知道JSP实际上是JSP定义的一些标记和Java程序段,以及HTML文件的混合体。所以要求读者最好对HTML及Java语言有一点了解。下面我们将进入JavaBeans组件技术的学习。

项目五　JSP与JavaBeans

项目情境

JSP作为一个很好的动态网站开发语言得到了越来越广泛的应用，在各类JSP应用程序中，JSP+JavaBeans的组合成为一种最常见的JSP程序标准。项目五将介绍JavaBeans的属性、事件模型、操作指令知识，并演示三个JavaBeans的应用实例。

学习目标

- 熟悉JavaBeans的属性和事件模型。
- 掌握JSP中与JavaBeans相关的操作指令的语法与用法。
- 了解JavaBeans的scope属性。

任务13　JavaBeans概述

任务情境

要了解JavaBeans组建在JSP程序开发中的应用，首先需要知道什么是JavaBeans。这一部分我们将带领读者了解JavaBeans的简介和基本属性。

相关知识

1. JavaBeans简介

软件开发的真正目的之一是利用在程序编码方面的投资，以便在同一公司或者不同公司的其他开发中重用程序编码。近年来编程人员投入大量精力以便建立可重用的软件、可重用的软件组件。早期用在面向对象编程方面中的投资已经在 Java、C#等编程语言的开发中充分实现，很多软件不用做很大的改变就可以运行在各种平台上。

JavaBeans描述了Java的软件组件模型，这个模型被设计成使第三方厂家可以生成和销售能够集成到其他开发厂家或者其他开发人员开发的软件产品的 Java 组件。

应用程序开发者可以从开发厂家购买现成的 JavaBeans 组件，拖放到集成开发环境的工具箱中，再将其应用于应用软件的开发，对于 JavaBeans 组件的属性、行为可以进行必要的修改、测试和修订，而不必重新编写和编译程序。在 JavaBeans 模型中，JavaBeans 组件可以被修改或者与其他 JavaBeans 组件组合以生成新的 JavaBeans 组件或完整的 Java 应用程序。

Java 应用程序在运行时，最终用户也可以通过 JavaBeans 组件设计者或应用程序开发者所建立的属性存取方法（setXXX 方法和 getXXX 方法）修改 JavaBeans 组件的属性，这些属性可能是颜色和形状等简单属性，也可能是影响 JavaBeans 组件总体行为的复杂属性。

JavaBeans 组件模型使得软件设计便于修改和升级。每个 JavaBeans 组件都包含了一组属性、操作和事件处理器，将若干个 JavaBeans 组件组合起来就可以生成设计者、开发者所需要的特定运行行为，JavaBeans 组件存放于容器或工具库中，供开发者开发应用程序。

JavaBeans 就是一个可以复用软件模型，JavaBeans 在某个容器中运行，提供具体的操作性能。JavaBeans 是建立应用程序的建筑模块，大多数常用的 JavaBeans 通常是中小型控制程序，但我们也可以编写包装整个应用程序运行逻辑的 JavaBeans 组件，并将其嵌入复合文档中，以便实现更为复杂的功能。

一般来说，JavaBeans 可以表示为简单的 GUI 组件，可以是按钮组件、游标、菜单等。这些简单的 JavaBeans 组件提供了告诉用户什么是 JavaBeans 的直观方法，但我们也可以编写一些不可见的 JavaBeans，用于接收事件和在幕后工作。例如访问数据库，执行查询操作的 JavaBeans，它们在运行时刻不需要任何可视的界面，在 JSP 程序中所用的 JavaBeans 一般以不可见的组件为主，可见的 JavaBeans 一般用于编写 Applet 程序或者 Java 应用程序。

2. JavaBeans属性

JavaBeans 的属性与一般 Java 程序中所指的属性，或者说与所有面向对象的程序设计语言中对象的属性是一个概念，在程序中的具体体现就是类中的变量。在 JavaBeans 设计中，按照属性的不同作用又细分为四类：simple、index、bound 与 constrained 属性。

（1）Simple 属性。一个简单属性表示一个伴随有一对 get/set 方法（C 语言的过程或函数在 Java 程序中称为"方法"）的变量。属性名和与该属性相关的 get/set 方法名对应。例如，如果有 setX 和 getX 方法，则暗指有一个名为"X"的属性。如果有一个方法名为 isX，则通常暗指"X"是一个布尔属性（即 X 的值为 true 或 false）。例如在下面这些程序中：

Canvas 类源程序如下：

```java
package example3;
import java.awt.Color;
public class Canvas {
    public void setBackground(Color df) {
    }
    public void setForeground(Color df) {
    }
}
```

alden 类源程序如下：

```java
package example3;
import java.awt.Color;
public class alden extends Canvas {
    String ourString = "Hello"; //属性名为 ourString，类型为字符串
    public alden() {
    //alden1()是 alden1 的构造函数，与 C++中构造函数的意义相同
        setBackground(Color.red);
        setForeground(Color.blue);
    }
    /* "set"属性*/
    public void setString(String newString) {
        ourString = newString;
    }
    /* "get"属性 */
    public String getString() {
        return ourString;
    }
}
```

（2）indexed 属性。一个 indexed 属性表示一个数组值。使用与该属性对应的 set/get 方法可取得数组中的数值。该属性也可一次设置或取得整个数组的值。

例如，alden2 类源程序如下：

```java
package example3;
import java.awt.Color;
public class alden2 extends Canvas {
    int[] dataSet = {1,2,3,4,5,6}; // dataSet 是一个 Indexed 属性
    public alden2(){
        setBackground(Color.red);
        setForeground(Color.blue);
    }
    /* 设置整个数组*/
    public void setDataSet(int[] x) {
```

```
        dataSet = x;
    }
    /* 设置数组中的单个元素值 */
    public void setDataSet(int index, int x) {
        dataSet[index] = x;
    }
    /* 取得整个数组值 */
    public int[] getDataSet() {
        return dataSet;
    }
    /* 取得数组中的指定元素值 */
    public int getDataSet(int x) {
        return dataSet[x];
    }
}
```

（3）Bound 属性。一个 Bound 属性是指当该种属性的值发生变化时，要通知其他的对象。每次属性值改变时，这种属性就触发一个 PropertyChange 事件(在 Java 程序中，事件也是一个对象)。事件中封装了属性名、属性的原值、属性变化后的新值。这种事件是传递到其他的 beans，至于接收事件的 beans 应做什么动作由其自己定义。当 PushButton 的 background 属性与 Dialog 的 background 属性 bind 时，若 PushButton 的 background 属性发生变化，Dialog 的 background 属性也会发生同样的变化。例如：

```
public class alden3 extends Canvas {
    String ourString = "Hello";
    //ourString 是一个 Bound 属性
     private PropertyChangeSupport changes = new PropertyChangeSupport(this);
```

这里需要注意的是，Java 是纯面向对象的语言，如果要使用某种方法则必须指明是要使用哪个对象的方法，在下面的程序中要进行触发事件的操作，这种操作所使用的方法是在 PropertyChangeSupport 类中的。所以上面声明并实例化了一个 changes 对象，在下面将使用 changes 的 firePropertyChange 方法来触发 ourString 的属性改变事件。

```
public void setString(string newString) {
    String oldString = ourString;
    ourString = newString;
    /* ourString 的属性值已发生变化，于是接着触发属性改变事件 */
    changes.firePropertyChange("ourString",oldString,newString);
}
public String getString() {
    return ourString;
}
```

以下代码是为开发工具所使用的。我们不能预知 alden3 将与哪些其他的 beans 组合成为一个应用，无法预知若 alden3 的 ourString 属性发生变化时有哪些其他的组件与此变化有关，因而 alden3 这个 beans 要预留出一些接口给开发工具，开发工具使用这些接口，把其他的 JavaBeans 对象与 alden3 挂接。

```
public void addPropertyChangeListener(PropertyChangeLisener l) {
    changes.addPropertyChangeListener(l);
}
public void removePropertyChangeListener(PropertyChangeListener l) {
    changes.removePropertyChangeListener(l);
}
```

通过该代码，开发工具调用 changes 的 addPropertyChangeListener 方法，把其他 JavaBeans 注册入 ourString 属性的监听者队列 l 中，l 是一个 Vector 数组，可存储任何 Java 对象。

开发工具也可使用 changes 的 removePropertyChangeListener 方法，从 l 中注销指定的对象，使 alden3 的 ourString 属性的改变不再与这个对象有关。

当然，当程序员手写代码编制程序时，也可直接调用这两个方法，把其他 Java 对象与 alden3 挂接。

（4）Constrained 属性。一个 JavaBeans 的 Constrained 属性，是指当这个属性的值要发生变化时，与这个属性已建立了某种连接的其他 Java 对象可否决属性值的改变。Constrained 属性的监听者通过抛出 PropertyVetoException 来阻止该属性值的改变。例如，下面程序中的 Constrained 属性是 PriceInCents。

```
public class JellyBeans extends Canvas {
private PropertyChangeSupport changes = new PropertyChangeSupport(this);
private VetoableChangeSupport Vetos = new VetoableChangeSupport(this);
/*与前述 changes 相同，可使用 VetoableChangeSupport 对象的实例 Vetos 中的方法，在特定
条件下来阻止 PriceInCents 值的改变。*/
...
public void setPriceInCents(int newPriceInCents) throws PropertyVetoException {
/*方法名中 throws PropertyVetoException 的作用是当有其他 Java 对象否决 PriceInCents 的改
变时，要抛出例外。*/
    /* 先保存原来的属性值*/
    int oldPriceInCents = ourPriceInCents;
    /**触发属性改变否决事件*/
        vetos.fireVetoableChange("priceInCents",new Integer(OldPriceInCents),new Integer
            (newPriceInCents));
     /**若有其他对象否决 PriceInCents 的改变，则程序抛出例外，不再继续执行下面的两
        条语句，方法结束。若无其他对象否决 PriceInCents 的改变，则在下面的代码中把
ourPriceInCents 赋予新值，并触发属性改变事件*/
ourPriceInCents = newPriceInCents;
        changes.firePropertyChange("priceInCents",new Integer(oldPriceInCents), new
            Integer(newPriceInCents));
    }
     /**与前述 changes 相同，也要为 PriceInCents 属性预留接口，使其他对象可注册入
```

```
    PriceInCents 否决改变监听者队列中，或把该对象从中注销*/
   public void addVetoableChangeListener(VetoableChangeListener l)    {
        vetos.addVetoableChangeListener(l);
   }
   public void removeVetoableChangeListener(VetoableChangeListener l){
        vetos.removeVetoableChangeListener(l);
   }
     ...
}
```

从上面的例子可以看到，一个 constrained 属性有两种监听者：属性改变的监听者和否决属性改变的监听者。否决属性改变的监听者在自己的对象代码中有相应的控制语句，在监听到有 constrained 属性要发生变化时，在控制语句中判断是否应否决这个属性值的改变。

总之，某个 beans 的 constrained 属性值可否改变取决于其他的 beans 或者是 Java 对象是否允许这种改变。允许与否的条件由其他的 beans 或 Java 对象在自己的类中进行定义。

任务14 JavaBeans事件

任务情境

事件处理是 JavaBeans 体系结构的核心之一。通过事件处理机制，可让一些组件作为事件源，发出可被描述环境或其他组件接收的事件。这样，不同的组件就可以在构造工具内组合在一起，组件之间通过事件的传递进行通信，构成一个应用。从概念上讲，事件是一种在"源对象"和"监听者对象"之间，某种状态发生变化的传递机制。事件有许多不同的用途，例如在 Windows 系统中常要处理的鼠标事件、窗口边界改变事件、键盘事件等。这一部分将具体介绍 JavaBeans 的事件机制、监听者、适配类及用户化、持久化及存储格式等内容。

相关知识

在 Java 和 JavaBeans 中则是定义了一个一般的、可扩充的事件机制，这种机制能够：

（1）对事件类型和传递的模型的定义与扩充提供一个公共框架，并适合于广泛的应用；

（2）与 Java 语言和环境有较高的集成度；

（3）事件能被描述环境捕获和触发；

（4）能使其他构造工具采取某种技术在设计时直接控制事件，以及事件源和事件监听者之间的联系；

（5）事件机制本身不依赖于复杂的开发工具；

（6）能够发现指定的对象类可以生成的事件；

（7）能够发现指定的对象类可以观察（监听）到的事件；

（8）提供一个常规的注册机制，允许动态操纵事件源与事件监听者之间的关系；

（9）不需要其他的虚拟机和语言即可实现；

（10）事件源与事件监听者之间可以进行高效的事件传递；

（11）能完成 JavaBeans 事件模型与相关的其他组件体系结构事件模型的中立映射。

JavaBeans 事件模型的主要构成有：事件从事件源到事件监听者的传递是通过对目标监听者对象的 Java 方法调用进行的。对每个明确的事件的发生，都相应地定义一个明确的 Java 方法。这些方法都集中定义在事件监听者（EventListener）接口中，这个接口要继承 java.util.EventListener。实现了事件监听者接口中一些或全部方法的类就是事件监听者。伴随着事件的发生，相应的状态通常都封装在事件状态对象中，该对象必须继承自 java.util.EventObject。事件状态对象作为单参传递给应响应该事件的监听者方法中。发出某种特定事件的事件源的标识是：遵从规定的设计格式为事件监听者定义注册方法，并接受对指定事件监听者接口实例的引用。有时，事件监听者不能直接实现事件监听者接口，或者还有其他的额外动作时，就要在一个源与其他一个或多个监听者之间插入一个事件适配器类的实例，来建立它们之间的联系。

事件状态对象（event state object）：与事件发生有关的状态信息一般都封装在一个事件状态对象中，这种对象是 java.util.EventObject 的子类。按设计习惯，这种事件状态对象类的名应以 Event 结尾。例如：

```
public class MouseMovedExampleEvent extends java.util.EventObject
{
    protected int x, y;
    /*创建一个鼠标移动事件 MouseMovedExampleEvent */
    MouseMovedExampleEvent(java.awt.Component source, Point location) {
    super(source);
    x = location.x;
    y = location.y;
    }
    /* 获取鼠标位置*/
    public Point getLocation() {
    return new Point(x, y);
    }
}
```

1. 事件监听者接口（EventListener Interface）与事件监听者

由于 Java 事件模型是基于方法调用的，因而需要一个定义并组织事件操纵方法的方式。JavaBean 中，事件操纵方法都被定义在继承了 java.util.EventListener 类的 EventListener 接口中，按规定，EventListener 接口的命名要以 Listener 结尾。任何一个类如果想操纵在 EventListener 接口中定义的方法都必须通过这个接口方式进行。这个类也就是事件监听者。例如：

```
/*先定义了一个鼠标移动事件对象*/
public class MouseMovedExampleEvent extends java.util.EventObject {
//在此类中包含了与鼠标移动事件有关的状态信息
    ...
}
/*定义了鼠标移动事件的监听者接口*/
interface MouseMovedExampleListener extends java.util.EventListener {
/*在这个接口中定义了鼠标移动事件监听者所应支持的方法*/
    void mouseMoved(MouseMovedExampleEvent mme);
}
```

在接口中只定义方法名、方法的参数和返回值类型。 如上面接口中的 mouseMoved 方法的具体实现是在下面的 ArbitraryObject 类中定义的。

```
class ArbitraryObject implements MouseMovedExampleListener {
    public void mouseMoved(MouseMovedExampleEvent mme)
    { ... }
}
```

ArbitraryObject 就是 MouseMovedExampleEvent 事件的监听者。

2. 事件监听者的注册与注销

为了各种可能的事件监听者把自己注册入合适的事件源中，建立源与事件监听者间的事件流，事件源必须为事件监听者提供注册和注销的方法。在前面的 Bound 属性介绍中已看到了这种使用过程，在实际中，事件监听者的注册和注销要使用标准的设计格式：

```
public void add< ListenerType>(< ListenerType> listener);
public void remove< ListenerType>(< ListenerType> listener);
```

首先定义了一个事件监听者接口：

```
public interface
ModelChangedListener extends java.util.EventListener {
    void modelChanged(EventObject e);
}
```

接着定义事件源类:

```
public abstract class Model {
    private Vector listeners = new Vector(); //定义了一个储存事件监听者的数组
    /*上面设计格式中的<ListenerType>在此处即是下面的ModelChangedListener*/
    public synchronized void addModelChangedListener(ModelChangedListener mcl)
        { listeners.addElement(mcl); }//把监听者注册入 listeners 数组中
    public synchronized void removeModelChangedListener(ModelChangedListener mcl)
        { listeners.removeElement(mcl); //把监听者从 listeners 中注销}
    /*以上两个方法的前面均冠以 synchronized,是因为运行在多线程环境时,可能有几个
    对象同时要进行注册和注销操作,使用 synchronized 来确保它们之间的同步。开发工具
    或程序员使用这两个方法建立源与监听者之间的事件流*/
    protected void notifyModelChanged() {
    /**事件源使用本方法通知监听者发生了 modelChanged 事件*/
        Vector l;
        EventObject e = new EventObject(this);
    /*首先要把监听者复制到l数组中,冻结 EventListeners 的状态以传递事件。确保在事件
    传递到所有监听者之前,已接收了事件的目标监听者的对应方法暂不生效*/
        synchronized(this) {
            l = (Vector)listeners.clone();
        }
        for(int i = 0; i < l.size(); i++) {
    /*依次通知注册在监听者队列中的每个监听者发生了 modelChanged 事件,并把事件状
    态对象 e 作为参数传递给监听者队列中的每个监听者*/
            ((ModelChangedListener)l.elementAt(i)).modelChanged(e);
        }
    }
}
```

在程序中可见事件源 Model 类显式地调用了接口中的 modelChanged 方法,实际是把事件状态对象 e 作为参数,传递给了监听者类中的 modelChanged 方法。

3. 适配类

适配类是 Java 事件模型中极其重要的一部分。在一些应用场合,事件从源到监听者之间的传递要通过适配类来"转发"。例如,当事件源发出一个事件,而有几个事件监听者对象都可接收该事件,但只有指定对象做出反应时,就要在事件源与事件监听者之间插入一个事件适配器类,由适配器类来指定事件应该是由哪些监听者来响应。

适配类成为事件监听者,事件源实际是把适配类作为监听者注册入监听者队列中,而真正的事件响应者并未在监听者队列中,事件响应者应做的动作由适配类决定。目前绝大多数的开发工具在生成代码时,事件处理都是通过适配类来进行的。

4. JavaBeans用户化

JavaBeans 开发者可以给一个 beans 添加用户化器(Customizer)、属性编辑器(PropertyEditor)和 BeansInfo 接口来描述一个 beans 的内容,beans 的使用者可在构造环境中

通过与 beans 附带在一起的这些信息来用户化 beans 的外观和应做的动作。一个 beans 不必都有 BeansCustomizer、PropertyEditor 和 BeansInfo,根据实际情况,这些是可选的,当有些 beans 较复杂时,就要提供这些信息,以 Wizard 的方式使 beans 的使用者能够用户化一个 beans。有些简单的 Beans 可能这些信息都没有,则构造工具可使用自带的透视装置,透视出 beans 的内容,并把信息显示到标准的属性表或事件表中供使用者用户化 beans,前几节提到的 beans 的属性、方法和事件名要以一定的格式命名,主要的作用就是供开发工具对 beans 进行透视。当然也是给程序员在手写程序中使用 beans 提供方便,使他能观其名、知其意。

（1）用户化器接口（Customizer Interface）。当一个 beans 有了自己的用户化器时,在构造工具内就可展现出自己的属性表。在定义用户化器时必须实现 Java.beans.Customizer 接口。例如,下面是一个"按钮"beans 的用户化器：

```
public class OurButtonCustomizer
extends Panel implements Customizer {
    ...
    /*当实现像 OurButtonCustomizer 这样的常规属性表时,一定要在其中实现 addPropertyChangeListener 和 removePropertyChangeListener,这样,构造工具可用这些功能代码为属性事件添加监听者。*/
    ...
    private PropertyChangeSupport changes = new PropertyChangeSupport(this);
    public void addPropertyChangeListener(PropertyChangeListener l) {
        changes.addPropertyChangeListener(l);
        public void removePropertyChangeListener(PropertyChangeListener l) {
            changes.removePropertyChangeListener(l);
    }
    ...
```

（2）属性编辑器接口（PropertyEditor Interface）。一个 JavaBeans 可提供 PropertyEditor 类,为指定的属性创建一个编辑器。这个类必须继承自 Java.beans.PropertyEditorSupport 类。构造工具与手写代码的程序员不直接使用这个类,而是在下一小节的 BeansInfo 中实例化并调用这个类。例：

```
public class MoleculeNameEditor extends java.Beans.PropertyEditorSupport  {
public String[] getTags() {
        String resule[] = {"HyaluronicAcid","Benzene","buckmisterfullerine", "cyclohexane",
            "ethane","water"};
    return resule;}
}
```

上例中是为 Tags 属性创建了属性编辑器,在构造工具内,可从下拉表格中选择 MoleculeName 的属性应是"HyaluronicAcid"或是"water"。

（3）BeansInfo 接口。每个 Beans 类也可能有与之相关的 BeansInfo 类，在其中描述了这个 Beans 在构造工具内出现时的外观。BeansInfo 中可定义属性、方法、事件，显示它们的名称，提供简单的帮助说明。例如：

```
public class MoleculeBeansInfo extends SimpleBeansInto {
    public PropertyDescriptor[] getPropertyDescriptors() {
        try {
            PropertyDescriptor pd = new PropertyDescriptor("moleculeName",Molecule.
                class);
            /*通过 pd 引用了 MoleculeNameEditor 类，取得并返回 moleculeName 属性*/
            pd.setPropertyEditorClass(MoleculeNameEditor.class);
            PropertyDescriptor result[] = {pd};
            return result;
        } catch(Exception ex) {
            System.err.println("MoleculeBeansInfo: unexpected exeption: "+ex);
            return null;
        }
    }
}
```

5. JavaBeans 持久化

当一个 JavaBeans 在构造工具内被用户化，并与其他 Beans 建立连接之后，它的所有状态都应当可被保存，下一次被 load 进构造工具内或在运行时，就应当是上一次修改完的信息。为了能做到这一点，要把 Beans 的某些字段的信息保存下来，在定义 Beans 时要使它实现 java.io.Serializable 接口。例如：

```
public class Button
implements java.io.Serializable {}
```

实现了序列化接口的 Beans 中字段的信息将被自动保存。若不想保存某些字段的信息则可在这些字段前冠以 transient 或 static 关键字，transient 和 static 变量的信息是不可被保存的。通常，一个 Beans 所有公开出来的属性都应当是被保存的，也可有选择地保存内部状态。Beans 开发者在修改软件时，可以添加字段，移走对其他类的引用，改变一个字段的 private/protected/public 状态，这些都不影响类的存储结构关系。然而，当从类中删除一个字段，改变一个变量在类体系中的位置，把某个字段改成 transient/static，或原来是 transient/static，现改为别的特性时，都将引起存储关系的变化。

6. JavaBeans 的存储格式

JavaBeans 组件被设计出来后，一般是以扩展名为 jar 的 Zip 格式文件存储，在 jar 中包含与 JavaBeans 有关的信息，并以 MANIFEST 文件指定其中的哪些类是

JavaBeans。以 jar 文件存储的 JavaBeans 在网络中传送时极大地减少了数据的传输数量，并把 JavaBeans 运行时所需要的一些资源捆绑在一起，本项目主要论述了 JavaBeans 的一些内部特性及其常规设计方法，参考的是 JavaBeans 规范 1.0A 版本。随着世界各大 ISV 对 JavaBeans 越来越多的支持，规范在一些细节上还在不断演化，但基本框架不会再有大的变动。

任务15　JavaBeans在JSP中的使用

任务情境

在对 JavaBeans 有一定的了解后，我们在本任务中具体介绍 JavaBeans 在 JSP 中的使用。

相关知识

JSP 组件技术的核心是：被称为 bean 的 Java 组件.bean 的结构必须满足一定的命名约定。JavaBeans 类似于 ActiveX 控件：它们都能提供常用功能并且可以重复使用。这些约定由 Sun 和其他几个大公司制定，称为 JavaBeans API。只要遵守 JavaBeans API 的命名约定，就可以开发出可重用的独立的 Java 组件。在 JSP 中，使用 bean 标签集合，内容开发者不需要编写任何代码就能利用 Java 强大的功能为页面添加动态元素。 在 JSP 的开发中往往把大段的代码放在脚本片段（scriptlet）内，但是绝大多数的 Java 代码属于可重复使用的（如数据库的连接），因此可以把这些重复的代码做成 JavaBeans 的组件。JavaBeans 的值是通过一些属性获得的，你可通过这些属性访问 JavaBeans 设置。现把在 JSP 中怎么调用 JavaBeans 介绍如下。

要在 JSP 中使用"bean"，首先必须在 JSP 中设置要引用的 bean，生成 bean 的一个实例。可以用"<jsp:useBean>"标记来完成：

```
<jsp:useBean id = "Name" class = "com.testbean" scope = "application" />
```

"<jsp:useBean>"标记是通过"id"属性来识别 bean。当指定了"id"属性后，还须告诉网页从何处查找 bean，或者它的 Java 类别名是什么。最后一个必需的元素是"scope"属性。有了"scope"属性的帮助，你就能告诉 bean 为单一页面（默认情况）[scope="page"]，为一个被请求的网页 [scope="request"]，请求为会话 [scope="session"]，或者为整个应用程序[scope="application"]保留信息。有了会话范围，你就能非常容易地在 JSP 网页上维护网站上的项目，如购物车项目等。

实例化一个 JavaBeans，就可以通过访问它的属性来定制它。要获得属性值，请用"<jsp:getProperty>"标记。使用这个标记能指定将要用到的 bean 名称（从 useBean 的"id"字段得到），以及你想得到其值的属性。实际的值被放在输出中：

```
<jsp:getProperty id = "Name" property = "name" />
```

要改变 JavaBeans 属性，你必须使用"<jsp:setProperty>"标记。对这个标记，需要再次识别 bean 和其属性，以修改并额外提供新值。如果命名正确，这些值可以从一个已提交的表中直接获得：

```
<jsp:setProperty id = "Name" property = "*" />;
```

可以从一个参数获得，须直接命名属性和参数：

```
<jsp:setProperty id = "Name" property = "serialNumber" value = "string" />
```

或者直接用一个名字和值来设置：

```
<jsp:setProperty id = "Name" property = "serialNumber" value = <% = expression %> />
```

关于 JavaBeans 的最后一件事：为了 Web 服务器能找到 JavaBeans，你需要将其类别文件放在 Web 服务器的一个特殊位置。在 resin 中是放在"docWEB-INFclasses"目录下的。

下面请看示例 SimpleBean.java，这个简单的例子是完成对产品及税率的设置与获取。

```java
package TestBean5;
public class SimpleBean {
    private String message;
    public String getMessage() {
        return message;
    }
    public void setMessage(String message) {
        this.message = message;
    }
}
```

该 Java 程序示例对应的 JSP 代码 TextBean5_1 如下：

```
<%@ page contentType = "text/html; charset = gb2312" language = "java" import = "java.Sql.*"errorPage = "errorpage.jsp" %>
<%@ page language = "java" import = "TestBean.*" %>
<jsp:useBean id = "test" scope = "page" class = "TestBean5.SimpleBean" />
<html>
```

```
<HEAD>
    <title>JSP</title>
</HEAD>
<body>
<jsp:setProperty name = "test" property = "message" value = "Hello JSP"/>
<p>
<jsp:getProperty name = "test" property = "message" />
</body>
</html>
```

把 SimpleBean.java 放到 Tomcat 的 "webapps\myapp\WEB-INF\src\TestBean5" 目录下，TestBean5_1.jsp 放入 "C:\Tomcat5\webapps\myapp\webapp\ TestBean5_1.jsp" 目录下。在浏览器下运行 http://localhost/myapp/webapp/ TestBean5_1.jsp，效果如图 5-1 所示。

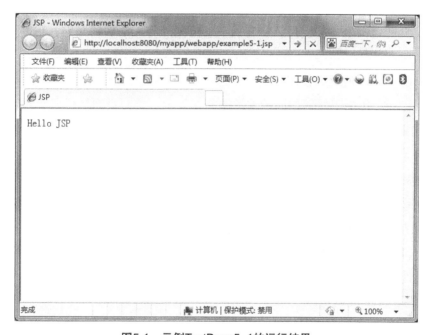

图5-1 示例TestBean5_1的运行结果

从以上的讲解及应用可以看出，由于组件技术的使用和 JavaBeans API 的引入，JSP 让 Java 开发者可以将一个站点快速地分解为一些细小的、可重用的组件。这些组件作为 HTML 元素，用于 JSP 各个需要的地方。这一实现让开发工作清楚地分为表现与内容两个部分，使得开发设计更有条理、模块化更清晰。

任务16　JavaBeans中的scope属性

任务情境

对于 JSP 程序而言，使用 JavaBeans 组件不仅可以封装许多信息，而且还可以将一些数据处理的逻辑隐藏到 JavaBeans 的内部，除此之外，我们还可以设定 JavaBeans 的 scope 属性，使得 JavaBeans 组件对于不同的任务具有不同的生命周期和不同的使用范围。这一部分我们将介绍 JavaBeans 中的 scope 属性。

相关知识

在前面我们已经提到过 scope 属性具有 4 个可能的值，分别是 application、session、request、page，分别代表 JavaBeans 的 4 种不同的生命周期和 4 种不同的使用范围。bean 只有在它定义的范围里才能使用，在它的活动范围外将无法访问到它。JSP 为它设定的范围有：

（1）page：bean 的默认使用范围。

（2）request：作用于任何相同请求的 JSP 文件中，直到页面执行完毕向客户端发回响应或在此之前已通过某种方式（如重定向、链接等方式）转到另一个文件为止。还可通过使用 request 对象访问 bean，如 request.getAttribute(beanName)。

（3）session：作用于整个 session 的生存周期内，在 session 的生存周期内，对此 bean 属性的任何改动，都会影响到在此 session 内的另一 page、另一 request 里对此 bean 的调用。但必须在创建此 bean 的文件里事先用 page 指令指定了 session=true。

（4）application：作用于整个 application 的生存周期内，在 application 周期内，对此 bean 属性的任何改动，都会影响到此 application 内另一 page、另一 request 及另一 session 里对此 bean 的调用。

下面我们用一个最为简单的例子来说明。例子很简单，bean 的功能为取当前时间，其代码为 Common.java，其源程序如下：

```java
package TestBean5_2;
import java.util.Date;
import java.text.*;
public class Common {
    Date d = new Date();
    public String now(String s) {
        SimpleDateFormat formatter = new SimpleDateFormat(s);
        return formatter.format(d);
    }
}
```

测试页面的代码为：

```
date.jsp
<jsp:useBean scope = "page" id = "dt" class = "TestBean.Common"/>
<%
    out.print(dt.now("yyyy-mm-dd"));
%>
```

该程序的输出结果如图 5-2 所示。

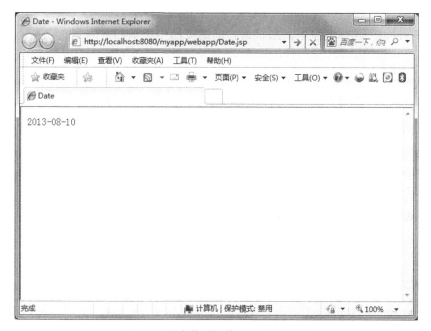

图5-2 取当前时间的bean实现结果

综合实训五　JavaBeans练手小实例

实例 5　People.java

该实例的源程序如下:

```
package example5;
public class People {
    float hight,weight;
    String HEAD,ear,mouth;
    void speak(String s) {
        System.out.println(s);
    }
}
class A {
    public static void main(String args[]) {
     People zhubajie;
     zhubajie = new People();
     zhubajie.weight = 200f;
     zhubajie.hight = 1.70F;
```

```
    zhubajie.HEAD = "一个大脑袋";
    zhubajie.ear = "两只大耳朵";
    zhubajie.mouth = "一张大嘴";
    System.out.println("重量"+zhubajie.weight+"身高" +zhubajie.hight);
    System.out.println(zhubajie.HEAD+zhubajie.mouth+zhubajie.ear);
    zhubajie.speak("大师兄，师父被妖怪抓走了！"),
    }
}
```

启动 Tomcat，运行该程序，结果为在前端页面中显示如下内容：

```
重量200.0身高1.7
一个大脑袋一张大嘴两只大耳朵
大师兄，师父被妖怪抓走了！
```

实例 6　数组的运用

该实例的源程序如下：

```
package example6;
public class Example6 {
    public static void main(String args[]) {
        int a[] = {1,2,3,4};
        int b[];
        System.out.println(a[3]);
    b = a;
    b[3] = 100;
    System.out.println(a[3]);
    System.out.println(b[3]);
    }
}
```

启动 Tomcat，运行该程序，结果为在前端页面中显示如下内容：

```
4
100
100
```

实例 7　运算符、表达式和语句（一）

该实例的源程序如下：

```
package example7;
class Example7_1 {
    public static void main(String args[]) {
        char a1 = '十',a2 = '点',a3 = '进',a4 = '攻';
        char secret = '8';
        a1 = (char)(a1^secret);
        a2 = (char)(a2^secret);
        a3 = (char)(a3^secret);
        a4 = (char)(a4^secret);
        System.out.println("密文:"+a1+a2+a3+a4);
```

```
        a1 = (char)(a1^secret);
        a2 = (char)(a2^secret);
        a3 = (char)(a3^secret);
        a4 = (char)(a4^secret);
        System.out.println("原文:"+a1+a2+a3+a4);
    }
}
```

启动 Tomcat，运行该程序，结果为在前端页面中显示如下内容：

```
密文:岬炁迣撵
原文:十点进攻
```

实例 8 运算符、表达式和语句（二）

该实例的源程序如下：

```
class Example8 {
    public static void main(String args[]) {
        float x = 12.56f,y;
        if(x< = 0)
            {
                y = x+1;
            }
        else if(x>0&&x< = 16)
            {
                y = 2*x+1;
            }
        else
            {
                y = 3*x+3;
            }
        System.out.println(y);
    }
}
```

启动 Tomcat，运行该程序，结果为在前端页面中显示如下内容：

```
26.12
```

项目小结

项目五向读者介绍了 JavaBeans 组件技术在 JSP 程序开发中的应用，包括 JavaBeans 的属性、JavaBeans 的事件模型、JavaBeans 的 Scope 属性。不过最常用的 JavaBeans 封装数据库操作将在项目七中介绍。这部分知识十分重要，如果读者能够掌握它，并能够恰当地在 JSP 编程中使用它来封装一些复杂关键的操作，那么你就会发现 JSP 程序原来可以这样简单，但是功能又是这样强大。

项目六 JSP与Servlet

项目情境

为了更好地理解JSP,有必要先学习一下它的底层技术Java Servlet。Servlet是通过动态生成Web内容而扩展了Web服务器功能的Java类语言。一个称为Servlet引擎的运行环境管理Servlet的载入和载出,并结合Web服务器将请求导向Servlet,把输出发回给Web客户端。自1997年问世以来,Servlet已经成为服务器端Java编程的主要环境,被广泛使用于应用服务器。

学习目标

- 熟悉Servlet的特点、运行环境。
- 了解Servlet的生命周期。

任务17　Servlet简介

任务情境

在学习Servlet之前,让我们先来看看什么是Servlet,与JSP的比较及Servlet的优点。

相关知识

1. JavaServlet的解释

Servlet是Java专注于CGI开发的一种技术。运行在Server端,并产生动态的结果。为什么要使用Servlet来代替传统的CGI程序呢?

效率:使用传统的CGI程序,每当收到一个HTTP请求的时候,系统就要启动一个新的进程来处理这个请求,这样会导致系统性能的降低。而使用Servlet,Java VMs一直在运行,当接到一个请求之后Java VMs就创建一个Java线程马上进行处理,如此要比每次都启动一个新的系统进程效率要高得多。

1）Servlets 的特点。

（1）功能强大。Servlets 使你可以使用传统 CGI 不能提供的许多强大功能。你可以使用 Java 的 API 去完成任何传统 CGI 认为困难或不可能的事情。Servlets 可以轻松地实现数据共享和信息维护，跟踪 session 和其他功能。

（2）安全。Servlet 运行在 Servlet 引擎的限制范围之内，就像可以在 Web 浏览器中运行 Applet 一样，这样有助于保护 Servlet 不受威胁。

（3）成本。由于 Servlet 可以运行在多台 Web 服务器上，这样你就可以使用免费或价格便宜的服务器，并让它支持 Servlet，如此可以大大减少成本开支。

（4）灵活性。由于 Servlet 是在 Java 平台上运行的，所以由于 Java 的跨平台性，Servlet 也可以从一个平台轻易地转移到另一个操作系统平台上，从而大大提高了其灵活性。

一个 Servlet 实际上就是一个 Java 类，需要运行在 Java 的虚拟机上，使用 Servlet 引擎。当某个 Servlet 被请求的时候，Servlet 引擎调用该 Servlet 并一直运行到这个被调用的 Servlet 运行完毕或 Servlet 引擎被关闭。

2）JavaServlet 的其他属性。

由于 Java 是面向对象的语言，因此 Java 平台已经将 HTTP 转换成对象的形式。这将会使 Java 程序员关注于应用本身而不是 HTTP。

HTTP 提供了一个标准的机制来扩展服务器的功能，我们称为 CGI。服务器将请求发送到 CGI 程序，CGI 程序则返回一个响应。同样的任何 Java 服务器则会接收请求，然后转发到 Servlet。

Servelt 是 javax.servlet.http.HttpServlet 的子类，每个 Servlet 必须完成 4 个方法：

①public void init(ServletConfig config);

②public void doGet(HttpServletRequest request, HttpServletResponse response);

③public void doPost(HttpServletRequest request, HttpServletResponse response);

④public void destroy()。

（1）Servlet 和多线程。

为了提高性能，Servlet 设计成多线程。每个 Servlet 仅创建一个实例，每一个请求都传递到同一个对象。这将有利于 Servlet 容器充分地利用资源。因此 doGet、doPos 在编程时必须保证它是线程安全的。

（2）ServletContext。

ServletContext(javax.servlet.servletContext)定义了 Web 应用中 Servlet 的视图。在 Servlet 中通过 getServletConfig()可以访问得到，在 JSP 中则通过隐式对象 application 得到。ServletContext 提供了几个对于创建 Struts 应用来说非常有用的方法：

①访问 Web 应用资源：Servlet 通过 getResource()、getResourceAsStream()可以访问 Web 应用中的静态资源文件。

② Servlet Context 属性：Servlet 上下文可以存储 Java 对象到属性中。这些属性对整个 Web 应用都可见。

（3）Servlet 请求。

Servlet 请求就是 javax.servlet.http.HttpServletRequest，通过它可以访问 HTTP 请求的所有信息：

①Cookies：通过 getCookies()可以得到当前请求的所有 Cookies。

②HTTP 头：HTTP 请求的头可以通过对应的名字来访问。你当然可以通过枚举来列出所有的头。

③参数：你可以通过参数来访问 HTTP 请求的 URL 的参数或表单中的内容。

④请求特性：HTTP 请求表单的提交方式(GET/POST)，用的是什么协议(HTTP/HTTPS)。

⑤请求 URI 信息：通过 getRequestURI()可以得到最初的请求 URI，除此之外，我们还可以得到 ContextPath、ServletPath、PathInfo。

⑥用户信息：如果你正使用容器来进行安全管理，你可以得到一个 Principal 对象来代表当前用户，并确认该用户是否拥有某种角色的权限。

Servlet 请求拥有请求级别的属性，与前面提到的应用级别属性类似。请求级别的属性经常用来传递状态信息到可视化组件(如 JSP)。

Servlet 容器保证被 Servlet 处理的请求处于单线程内，因此你不必担心在访问 request 对象的属性时会有多线程的问题。

（4）Servlet 响应。

Servlet 的功能就是接收请求，然后生成相应的响应。这是通过调用 javax.servlet.http.HttpServletResponse 的方法实现的。

①设置头：你可以设置包含在响应中的头。最重要的头就是 Content-Type，它用来告诉客户端内容的格式，比如:text/html 代表 HTML，text/xml 代表 XML。

②设置 Cookies：你可以加入 Cookies 到当前的响应中。

③发送错误响应：你可以使用 sendError() 发送一个 HTTP 错误编号。

④重定向到其他资源：你可以使用 sendRedirect() 定向到另外一个 URL。

使用 Response API 的一个最重要的原则就是：操作 HEADer、Cookies 的任何方法必须在第一次输出缓冲区满且发送到客户端前调用。

（5）过滤。

如果你的 servlet 容器是基于 Servlet 规范 2.3 或更高，那么你就可以使用 javax.servlet.Filter 来对请求和响应做些处理。许多 Filter 聚合在一起，每一个 Filter 都有机会来对请求和响应做些处理。

（6）Servlet 中的 session。

HTTP 的一个关键特性就是无状态，因此我们不知道某个请求是否是来自同一用户的请求，这将会使跨请求的会话变得很艰难。

为了解决这个问题，Servlet 实现了一个 javax.servlet.http.HttpSession.servlet 容器将采用 cookies 或 URL Rewriting 来保证接收邻近的请求包含 session id 来标识该请求是同一个 session。因此保存在 session 中的属性可以被多个请求共享。

为了不浪费资源，session 有一个可配置的超时时间设置。如果两个请求间的时间差超过了超时时间间隔，那么 session 中的数据会失效。你可以定义一个默认的超时。

2. JSP 与 Servlet

JSP 是 Servlet 技术的一个扩展。JSP 可以做的任何事情，Servlet 都可以完成。但是 JSP 允许你将 Java 代码轻松地和 HTML 语言混合在一起使用，并且完成强大的功能，可以使你很容易地阅读代码并在浏览器中浏览到程序执行的结果。

下面是一个例子，输出结果是一样的，都是"Hello World! Your name is"，请仔细比较。JSP 文件如下：

```
<%@ page contentType = "text/html; charset = gb2312" language = "java" import = "java.
    Sql.*"errorPage = "errorpage.jsp" %>
<html>
    <head>
        <title>JSP</title>
    </head>
    <body>
        <%
        out.println("Hello World! Your name is: "+ response.getParameter("name"));%>
    </body>
</html>
```

而相应的 Servlet 文件如下所示：

```
import java.io.*;
import javax.servlet.*;
import javax.servlet.http.*;
public class HelloWorld extends HttpServlet {
    public void doGet(HttpServletRequest request, HttpServletResponse response)
        throws IOException, ServletException {
        response.setContentType("text/html");
        PrintWriter out = response.getWriter();
        out.println("");
        out.println("");
        out.println("");
        out.println("");
        out.println("");
        out.println("Hello World! Your name is: "+ response.getParameter("name"));
        out.println("");
        out.println("");
    }
}
```

上面两个程序的输出结果是完全一样的，从而可以看到，JSP可以实现Servlet的一般功能，其中JSP程序显得更容易阅读和编写。JSP和Servlet具有不同的特点，应用的场合也不同，程序员在使用的时候，可以根据自己的需要进行选择。

3. Servlet的优点

Servlet的优点主要体现在如下几个方面：

（1）可移植性（portability）。

Servlet是用Java语言开发的，因此延续了Java在跨平台上的优势，不论编写Servlet的操作系统是Windows、Solaris、Linux、HP-UX、FreeBSD或AIX等，都能够将写好的Servlet程序放在其他操作系统上执行。借助Servlet的优势，可以真正达到"Write Once, Serve Anywhere"的境界，这正是Java程序员感到最欣慰也是最骄傲的地方。

程序员在开发Applet时，经常为了"可移植性"而感到手忙脚乱。例如，在开发Applet时，为了配合Client端的平台（即浏览器版本的不同，plug-in的JDK版本也不尽相同），真正达到"跨平台"的目的，需要花费程序员大量时间来修改程序，以便让所有平台上的用户都能够执行。但即便如此，往往也只能满足大部分用户，而其他少数用户，若要执行Applet，仍需先安装合适的JRE（Java Runtime Environment）。

但是Servlet就不同了，因为Servlet是在Server端执行的，所以，程序员只要专心开发，能在实际应用的平台环境下测试无误即可保证所有用户都能执行。

（2）强大的功能。

Servlet能够完全发挥Java API的优势，包括网络和URL存取、多线程（Multi-

Thread）、影像处理、RMI（Remote Method Invocation）、分布式服务器组件（Enterprise Java Bean）、对象序列化（Object Serialization）等。如要写个网络目录查询程序，则可利用 JNDI API；想连接数据库，则可以利用 JDBC，有这些强大功能的 API 做后盾，相信 Servlet 更能够发挥其优势。

（3）性能。

Servlet 在加载执行之后，其对象实体（Instance）通常会一直停留在 Server 端的内存中，当有请求（Request）发生时，服务器调用 Servlet 来服务，如果收到相同服务的请求，Servlet 会利用不同的线维（Thread）来处理，不像 CGI 程序必须产生许多进程（Process）来处理数据，在性能方面，大大超越了传统的 CGI 程序。最后补充一点，Servlet 在执行时，不是一直停留在内存中，服务器会自动将停留时间过长且没有执行的 Servlet 从内存中清除，不过有时也可以自行写程序来控制。至于停留时间的长短通常与服务器的类型有关。

（4）安全性。

Servlet 也有类型检查（Type Checking）的特性，并且利用 Java 的垃圾收集（Garbage Collection）与没有指针的设计，这些都可以使得 Servlet 避免了内存管理的问题。

在 Java 的异常处理（Exception-Handling）机制下，Servlet 能够安全地处理各种错误，因此，也就不会因为发生程序上的逻辑错误而导致服务器系统的毁灭。例如，某个 Servlet 发生除以零或其他不合法的运算时，它会抛出一个异常（Exception）让服务器处理，如记录在记录文件中（log file）。

任务18 Servlet和JSP运行环境

任务情境

在了解了什么是 Servlet 及其优点后，这一部分我们将向读者介绍如何得到 Servlet 和 JSP 的运行环境，并带领大家实现第一个 JSP 和 Servlet。

相关知识

1. 得到一个Servlet和JSP的运行环境

Servlet 与 JavaBeans 的区别就是要在 WEB-INF 中建立一个 web.xml，在其中指向自己写的 Servlet，声明名称、类型、路径即可。使用方法和 JavaBeans 当然也不一样，通过浏览器直接访问这个 Servlet 了。如下：其中第一步、第二步与项目二中 JSP 环境安装配置一样，读者可以参考项目二的任务 3 部分。

● Step01：下载。

j2sdk1.4.2 下载地址：http://java.sun.com/j2se/1.4.2/download.html。

Tomcat5.0 下载地址：http://www.apache.org/dist/jakarta/Tomcat-5/。

j2sdk1.4.2 安装目录：C:\j2sdk1.4.2。

Tomcat5.0 安装目录：C:\Tomcat5。

● Step02：安装和配置 J2SDK 和 Tomcat。

执行 J2SDK 和 Tomcat 的安装程序，然后按默认设置进行安装即可。下面为 Windows 2000 Server 系列配置：

（1）Windows 2000 Server 系列配置：我的电脑→属性→高级→环境变量：

追加变量名，JAVA_HOME 变量值：C:\j2sdk1.4.2；

追加变量名，Path 下变量值：%JAVA_HOME%\bin；

追加变量名，CLASSPATH 下变量值：.;%JAVA_HOME%\lib;或.;%JAVA_HOME%\lib\dt.jar;%JAVA_HOME%\lib\tools.jar。

注："."代表当前目录下的所有引用，"%...%"变量宏替换。

增加变量内容如下所示：

JAVA_HOME=C:\j2sdk1.4.2；

CLASSPATH=.;%JAVA_HOME%\lib\dt.jar;%JAVA_HOME%\lib\tools.jar;(.;一定不能少，因为它代表当前路径)；

Path=%JAVA_HOME%\bin。

接着可以写一个简单的 Java 程序来测试 J2SDK 是否已安装成功：

```java
public class Test {
    public static void main(String args[]) {
        System.out.println("This is a test program.");
    }
}
```

将上面的这段程序保存为文件名为 Test.java 的文件。

然后打开命令提示符窗口，cd 到你的 Test.java 所在目录，然后输入下面的命令：

```
javac Test.java
java Test
```

此时如果看到打印出来"This is a test program."的话说明安装成功了；如果没有打印出这句话，你需要仔细检查一下你的配置情况。

（2）安装 Tomcat 后，在"我的电脑→属性→高级→环境变量→系统变量"中添加以下环境变量(假定你的 Tomcat 安装在 C:\Tomcat5)：

CATALINA_HOME=C:\Tomcat5；

CATALINA_BASE=C:\Tomcat5。

然后修改环境变量中的 classpath，把 Tomcat 安装目录下的 common\lib 下的 Servlet.jar 追加到 CLASSPATH 中去，修改后的 CLASSPATH 如下：

CLASSPATH=.;%JAVA_HOME%\lib\dt.jar;%JAVA_HOME%\lib\tools.jar;%CATALINA_HOME%\common\lib\Servlet.jar。

接着可以启动 Tomcat，在 Internet Exptorer 中访问 http://localhost:8080，如果看到 Tomcat 的欢迎页面的话说明安装成功了。

2. 得到一个Servlet和JSP的运行

上一小节中，我们了解到了如何得到一个 Servlet 和 JSP 的运行环境，下面我们就基于这个环境来进行具体的实例实践一下。

● Step01：建立自己的 jsp app 目录。

（1）到 Tomcat 的安装目录的 webapps 目录，可以看到 ROOT、examples、Tomcat-docs 等 Tomcat 自带的目录。

（2）在 webapps 目录下新建一个目录，起名叫 myapp。

（3）在 myapp 下新建一个目录 WEB-INF，注意，目录名称是区分大小写的。

（4）在 WEB-INF 下新建一个文件 web.xml，内容如下：

```xml
<?xml version = "1.0" encoding = "ISO-8859-1"?>
<!DOCTYPE web-app
PUBLIC "-//Sun Microsystems, Inc.//DTD Web Application 2.3//EN"
"http://java.sun.com/dtd/web-app_2_3.dtd">
<web-app>
<display-name>My Web Application</display-name>
<description>
    A application for test.
</description>
</web-app>
```

（5）在 myapp 下新建一个测试的 JSP 页面，文件名为 testDate.jsp，文件内容如下：

```jsp
<html><body>
<center>
    Now time is: <% = new java.util.Date()%>
</center>
</body></html>
```

（6）重启 Tomcat，打开浏览器，输入"http://localhost:8080/myapp/testDate.jsp"，看到当前时间的话说明就成功了。

● Step02：建立自己的 Servlet。

（1）Windows 2000 Server 系列配置如下：在"我的电脑→属性→高级→环境变量"下，追加变量名：

CLASSPATH 下变量值：%TOMCAT_HOME%\common\lib\Servlet-api.jar。

（2）用你最熟悉的编辑器（建议使用有语法检查的 Java IDE，如 Eclipse）新建一个 Servlet 程序，文件名为 TestServlet.java，文件内容如下：

```
package Test6;
import java.io.IOException;
import java.io.PrintWriter;
import javax.servlet.servletException;
import javax.servlet.http.HttpServlet;
import javax.servlet.http.HttpServletRequest;
import javax.servlet.http.HttpServletResponse;
public class TestServlet extends HttpServlet {
//使用 doGet 方法得到数据
    protected void doGet(HttpServletRequest request, HttpServletResponse response)
        throws ServletException, IOException {
            //置全部的头部信息
            //response.setContentType("text/html");
            //在使用 PrintWriter 或者 ServletOutputStream 向文档写东西前，需要设置全部
            的头部信息
            PrintWriter out = response.getWriter();
            //在页面上输出内容
            out.println("<html><body><h1>This is a Servlet test.</h1></body></html>");
            out.flush();
        }
}
```

（3）编译：将 Test.java 放在 C:\Test 下，使用如下命令编译：

C:\Test>javac TestServlet.java；然后在 C:\Test 下会产生一个编译后的 Servlet 文件：TestServlet.class。

（4）将结构 Test6\TestServlet.class 剪切到%CATALINA_HOME%\webapps\ myapp\ WEB-INF\classes 下，也就是剪切那个 test 目录到 classes 目录下，如果 classes 目录不存在，就新建一个。现在 webapps\ myapp\ WEB-INF\ classes 下有 Test6\TestServlet. class 的文件目录结构。

（5）修改 webapps\myapp\WEB-INF\web.xml，添加 Servlet 和 Servlet-mapping，编辑后的 web.xml 如下所示：

```xml
<?xml version = "1.0" encoding = "ISO-8859-1"?>
<!DOCTYPE web-app
PUBLIC "-//Sun Microsystems, Inc.//DTD Web Application 2.3//EN"
"http://java.sun.com/dtd/web-app_2_3.dtd">
<display-name>My Web Application</display-name>
<description>
    A application for test.
</description>
<!--声明了你要调用的Servlet-->
<servlet>
<servlet-name>Test</servlet-name>
<servlet-class>Test6.TestServlet</servlet-class>
</servlet>
<!--声明了你Servlet"映射"到的地址-->
<servlet-mapping>
<url-pattern>/Test</url-pattern>
<servlet-name>Test</servlet-name>
</servlet-mapping>
</web-app>
```

这段话中的 Servlet 这一段声明了你要调用的 Servlet，而 Servlet-mapping 则是将声明的 Servlet "映射" 到地址/Test 上。

注：<servlet-name>...</servlet-name>为 Servlet 在服务器中的 id，<servlet- class>...</servlet-class>为 Servlet-class 类名，<url- pattern> ... </url- pattern>为镜像路径也即虚拟路径，在 C:\Tomcat5\webapps\你的应用目录\WEB-INF\web.xml 中注册，建议你自己应用所用的 servlet 类放置到 C:\Tomcat5\webapps\你的应用目录\WEB-INF\classes 中；在 web.xml 注册 servlet 类路径是 "/Test" 即可。

（6）启动 Tomcat，启动浏览器，输入 http://localhost:8080/myapp/Test，如果看到输出 This is a Servlet test.就说明编写的 Servlet 成功了。

注意：修改了 web.xml 及增加了 class，都要重启 Tomcat。

● Step03：建立自己的 Bean。

（1）用你最熟悉的编辑器（建议使用有语法检查的 java ide，如 Eclipse）新建一个 Java 程序，文件名为 TestBean.java，文件内容如下：

```java
package Test6;
public class TestBean {
    private String name = null;
    public TestBean(String strName_p) {
        this.name = strName_p;
    }
    public void setName(String strName_p) {
        this.name = strName_p;
    }
    public String getName() {
```

```
        return this.name;
    }
}
```

（2）编译：将 TestBean.java 放在 C:\Test 下，使用如下命令编译：C:\Test>javac TestBean.java。

然后在 C:\Test 下会产生一个编译后的 bean 文件：TestBean.class。

（3）把 TestBean.class 文件剪切到 ATALINA_HOME%\ webapps\ myapp\ WEB-INF\ classes\test 下。

（4）在目录 myapp 下新建一个 TestBean.jsp 文件，文件内容为：

```
<%@ page import = " Test6.TestBean" %>
<html><body>
<center>
    <%
        TestBean testBean = new TestBean("This is a test java Bean.");
    %>
    Java Bean name is: <% = testBean.getName()%>
</center>
</body></html>
```

（5）重启 Tomcat，启动浏览器，输入"http://localhost:8080/myapp/ webapp/ TestBean.jsp"，如果看到如图 6-1 所示，就说明编写的 Bean 成功了。

图6-1　TestBean的运行结果

这样就完成了整个 Tomcat 下的 JSP、Servlet 和 JavaBeans 的配置。接下来需要做的事情就是多读别人的好代码、自己多动手写代码，以增强自己在这方面开发的能力。

几个注意事项：

（1）JavaBeans 强制引入包 package *.*。

（2）Servlet 类库为%TOMCAT_HOME%\common\lib\Servlet-api.jar，而不是%TOMCAT_HOME%\lib\Servlet.jar（不存在这个目录及类库）。

（3）引入第三方类库须加入 CLASSPATH 或加入%JAVA_HOME%\lib\下，以正常加载。

任务19　Servlet的生命周期

任务情境

Servlet 有良好的生存期的定义，这部分我们将介绍 Servlet 的生命周期。

相关知识

Servlet 的生存期包括如何加载、实例化、初始化、处理客户端请求及如何被移除。这个生存期由 javax.servlet.servlet 接口的 init、service 和 destroy 方法表达。

1. 加载和实例化

容器负责加载和实例化一个 Servlet。加载和实例化可以发生在引擎启动的时候，也可以推迟到容器需要该 Servlet 为客户请求服务的时候。

首先容器必须先定位 Servlet 类，在必要的情况下，容器使用通常的 Java 类加载工具加载该 Servlet，可以是从本机文件系统，也可以是从远程文件系统甚至其他的网络服务。容器加载 Servlet 类以后，它会实例化该类的一个实例。需要注意的是，可能会实例化多个实例，例如一个 Servlet 类因为有不同的初始参数而有多个定义，或者 Servlet 实现 SingleThreadModel 而导致容器为之生成一个实例池。

2. 初始化

Servlet 加载并实例化后，容器必须在它能够处理客户端请求前初始化它。初始化的过程主要是读取永久的配置信息、数据资源（如 JDBC 连接）及其他仅仅需要执行一次的任务。通过调用它的 init 方法并给它传递唯一的一个（每个 Servlet 定义一个）ServletConfig 对象完成这个过程。给它传递的这个配置对象允许 Servlet 访问容器的配置信息中的名称－值对（name-value）初始化参数。这个配置对象同时给 Servlet 提供了访问实现 ServletContext 接口的具体对象的方法，该对象描述了 Servlet 的运行环境。

（1）初始化的错误处理。

在初始化期间，Servlet 实例可能通过抛出 UnavailableException 或者 ServletException 异常表明它不能进行有效服务。如果一个 Servlet 抛出一个这样的异常，它将不会被置入有效服务并且应该被容器立即释放。在此情况下 destroy 方法不会被调用，因为初始化没有成功完成。在失败的实例被释放后，容器可能在任何时候实例化一个新的实例，对这个规则的唯一例外是如果失败的 Servlet 抛出的异常是 UnavailableException 并且该异常指出了最小的无效时间，那么容器就会至少等待该时间指明的时限才会重新试图创建一个新的实例。

（2）工具因素。

当工具（注：根据笔者的理解，这个工具可能是应用服务器的某些检查工具，通常是验证应用的合法性和完整性）加载和内省（introspect）一个 Web 应用时，它可能加载和内省该应用中的类，这个行为将触发那些类的静态初始方法被执行。因此，开发者不能假定只要当 Servlet 的 init 方法被调用后它才处于活动容器运行状态（Active Container Runtime）。作为一个例子，这意味着 Servlet 不能在它的静态（类）初始化方法被调用时试图建立数据库连接或者连接 EJB 容器。

3. 处理请求

在 Servlet 被适当地初始化后，容器就可以使用它去处理请求了。每一个请求由 ServletRequest 类型的对象代表，而 Servlet 使用 ServletResponse 回应该请求。这些对象被作为 service()方法的参数传递给 Servlet。在 HTTP 请求的情况下，容器必须提供代表请求和回应的 HttpServletRequest 和 HttpServletResponse 的具体实现。需要注意的是，容器可能会创建一个 Servlet 实例并将之放入等待服务的状态，但是这个实例在它的生存期中可能根本没有处理过任何请求。

（1）多线程问题。

容器可能同时将多个客户端的请求发送给一个实例的 service 方法，这也就意味着开发者必须确保编写的 Servlet 可以处理开发问题。如果开发者想防止这种默认的行为，那么可以让编写的 Servlet 实现 SingleThreadModel。实现这个类可以保证一次只会有一个线程在执行 service()方法并且一次性执行完。容器可以通过将请求排队或者维护一个 Servlet 实例池满足这一点。如果 Servlet 是分布式应用的一部分，那么，容器可能在该应用分布的每个 JVM 中都维护一个实例池。如果开发者使用 synchronized 关键字定义 service()方法(或者是 doGet()和 doPost())，容器将排队处理请求，这是由底层的 Java 运行时系统要求的。我们强烈推荐开发者不要同步 service()方法或者 HttpServlet 的诸如 doGet()和 doPost()这样的服务方法。

（2）处理请求中的异常。

Servlet 在对请求进行服务的时候，有可能抛出 ServletException 或者 UnavailableException 异常。ServletException 表明在处理请求的过程中发生了错误，容器应该使用合适的方法清除该请求。UnavailableException 表明 Servlet 不能对请求进行处理，可能是暂时的，也可能是永久的。如果 UnavailableException 指明是永久性的，那么容器必须将 Servlet 从服务中移除，调用它的 destroy 方法并释放它的实例。如果指明是暂时的，那么容器可以选择在异常信息里面指明在这个暂时无法服务的时间段里不向它发送任何请求。在这个时间段里被拒绝的请求必须使用 SERVICE_UNAVAILABLE（503）返回状态进行响应并且应该携带稍后重试（Retry-After）的响应头表明不能服务只是暂时的。容器也可以选择不对暂时性和永久性的不可用进行区分而全部当作永久性的并移除抛出异常的 Servlet。

（3）线程安全。

开发者应该注意容器实现的请求和响应对象（即容器实现的 HttpServletRequest 和 HttpServletResponse）没有被保证是线程安全的，这就意味着它们只能在请求处理线程的范围内被使用，这些对象不能被其他执行线程所引用，因为引用的行为是不确定的。

4. 服务结束

容器没有被要求将一个加载的 Servlet 保存多长时间，因此一个 Servlet 实例可能只在容器中存活了几毫秒，当然也可能是其他更长的任意时间（但是肯定会短于容器的生存期）。当容器决定将之移除时（原因可能是保存内存资源或者自己被关闭），那么它必须允许 Servlet 释放它正在使用的任何资源并保存任何永久状态（这个过程通过调用 destroy()方法达到）。容器在能够调用 destroy()方法前，它必须允许那些正在 service()方法中执行的线程执行完或者在服务器定义的一段时间内执行（这个时间段在容器调用 destroy()之前）。一旦 destroy()方法被调用，容器就不会再向该实例发送任何请求。如果容器需要再使用该 Servlet，它必须创建新的实例。Destroy()方法完成后，容器必须释放 Servlet 实例以便它能够被垃圾回收。

任务20　Servlet 类

任务情境

这一部分将概括介绍 javax.servlet 和 javax.servlet.http 包中的几个重要类。

相关知识

1. Servlet

Javax.servlet.servlet 公共接口：该接口定义了必须由 Servlet 类实现，由 Servlet 引擎识别和管理的方法集，如表 6-1 所示。

表 6-1　Servlet 接口中的方法

方法	描述
void destroy()	当 Servlet 将要卸载时由 Servlet 容器调用
ServletConfig getServletConfig()	返回 ServletConfig 对象，该对象包括该 Servlet 的初始化和启动信息
String getServletInfo()	返回该 Servlet 的相关信息，例如版本、版权等
void init(ServletConfig config)	在 Servlet 被载入后，并且在实施服务前由 Servlet 容器进行
void service(ServletRequest req, ServletResponse res)	处理来自 request 对象的请求，并使用 response 对象返回请求结果

Servlet API 提供了 Servlet 接口的直接实现，称为 GenericServlet，如表 6-2 所示。GenericServlet 类提供了除 service 方法之外的所有接口中方法的默认实现。这表示通过简单扩展 GenericServlet 类和编写一个定制的 service 方法就可以编写一个基本的 Servlet。

表 6-2　GenericServlet 类中的方法

方法	描述
void destroy()	当 Servlet 将要卸载时由 Servlet 容器调用
String getInitParameter(String name)	返回命名的初始化参数值，参数不存在则返回 null
Enumeration getInitParameterNames()	返回初始化参数的名字集，如果没有参数则返回 null
ServletConfig getServletConfig()	返回该 Servlet 的 ServletConfig 对象

续 表

方法	描述
ServletContext getServletContext()	获得该 Servlet 的 ServletContext 引用
String getServletInfo()	返回该 Servlet 的相关信息，如版本、版权等
String getServletName()	返回该 Servlet 实例的名字
void init()	在 Servlet 初始化时不需要任何服务器的设置信息时能够使用该无参数的 init 方法
void init(ServletConfig config)	当 Servlet 需要获得服务器的设置信息才能完成初始化时使用该带有参数的 init 方法
void log(String msg)	将特定的信息写入 Servlet 的日志文件中
abstract void service(ServletRequest req, ServletResponse res)	处理来自 request 对象的请求，并使用 response 对象返回请求结果

Servlet 一般的创建方法是扩展其制定的 HTTP 子类 HTTPServlet，如表 6-3 所示。HTTPServlet 通过调用指定到 HTTP 请求的方法实现 service()，亦即对于 DELETE、HEAD、OPTIONS、GET、POST、PUT 和 TRACE，分别调用 doDelete()、doHead()、doOptions()、doGet()、doOptions()、doPost()、doPut()和 doTrace()方法。

表 6-3　HttpServlet 类中的方法

方法	描述
void doDelete(HttpServletRequest req, HttpServletResponse rep)	调用处理一个 HTTP Delete 请求
void doGet(HttpServletRequest req, HttpServletResponse rep)	调用处理一个 HTTP Get 请求
void doHead(HttpServletRequest req, HttpServletResponse rep)	调用处理一个 HTTP Head 请求
void doOptions(HttpServletRequest req, HttpServletResponse rep)	调用处理一个 HTTP Options 请求
void doPost(HttpServletRequest req, Http ServletResponse rep)	调用处理一个 HTTP Post 请求
void doPut(HttpServletRequest req, HttpServletResponse rep)	调用处理一个 HTTP Put 请求
void doTrace(HttpServletRequest req,	调用处理一个 HTTP Trace 请求

续表

方法	描述
HttpServletResponse rep)	
Long getLastModified(HttpServletRequest req)	返回 HttpServletRequest 对象被修改的最新时间
void service(HttpServletRequest req, HttpServletResponse rep)	接收 HTTP 请求并把请求分派到相应的 doXXX 方法

下面,看一个简单的实例:在程序清单 HTMLPage.java 中,将生成一个完整的 HTML 页面用于显示一个简单的文本字符串。这个 Servlet 扩展了 HttpServlet 类并且重载了 doGet()方法。

```java
HTMLPage.java
import java.io.*;
import javax.servlet.*;
import javax.servlet.http.*;
public class HTMLPage extends HttpServlet {
    public void doGet(HttpServletRequest req, HttpServletResponse res) {
        res.setContentType("text/html");
        PrintWriter out = res.getWriter();
        out.println("<html>");
        out.println("<head><title>第一个 Servlet!</title></head>");
        out.println("<body>");
        out.println("<h1>第一个由 Servlet 直接产生的 HTML 网页!</h1>");
        out.println("</body>");
        out.println("</html>");
    }
}
```

按照之前介绍的方法编译并配置 Servlet 后,调用该 Servlet,运行结果如图 6-2 所示。

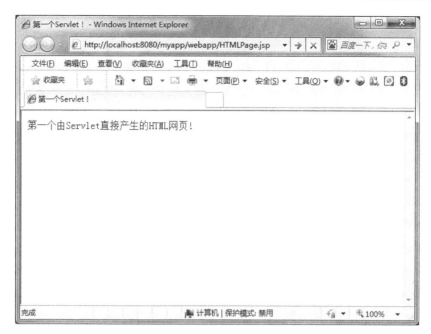

图6-2 第一个简单的Servlet示例

2. Servlet请求

ServletRequest 接口封装了客户端请求的细节，HttpServletRequest 是 ServletRequest 接口的子接口，HttpServletRequest 接口方法如表 6-4 所示。

表 6-4 HttpServletRequest 接口方法

方法	描述
String getAuthType()	返回保护该 Servlet 鉴定方案的名称
String getContextPath()	返回指定 Servlet 上下文的 URI 前缀
Cookie[] getCookies()	返回与请求相关的 cookies 对象数组
long getDateHeader(String name)	返回指定的请求头域的值，该值被转换成一个自 1970-01-01（GMT）以来精确到毫秒的长整数
String getHeader(String name)	将指定请求头域的值作为 String 类型返回
Enumeration GetHeaderNames()	返回请求给出的所有 HTTP 头名称的枚举类型值
int getIntHead(String name)	返回指定的请求头域的值，该值被转换成一个整数
String getMethod()	返回这个请求使用的 HTTP 方法（例如，Get、Post、Put）

续 表

方法	描述
String getPathInfo()	返回在请求 URL 信息中位于 Servlet 路径之后的额外路径信息。如果这个 URL 包括一个查询字符串,在返回值内将不包括这个查询字符串。这个路径在返回之前必须经过 URI 解码。如果在请求的 URI 的 Servlet 路径之后没有路径信息,该方法返回空值
String getQueryString()	返回这个请求 URI 所包含的查询字符串
String getRemoteUser()	返回作了请求的用户名,这个信息用来作 HTTP 用户论证
String getRequestdSessionId()	返回这个请求相应的 session id。如果由于某种原因客户端提供的 session id 是无效的,该 session id 将与在当前 session 中的 session id 不同,与此同时,将建立一个新的 session
String getRequestURI()	从 HTTP 请求的第一行返回请求的 URL 中定义被请求的资源部分
String getServletPath()	返回请求 URI 反映调用 Servlet 的部分
HttpSession getSession()	返回与这个请求关联的当前有效的 session。如果调用这个方法时没带参数,那么在没有 session 与这个请求关联的情况下,将会新建一个 session。如果调用这个方法时带入了一个布尔型的参数,只有当这个参数为真时,session 才会被建立
bool isRequestedSessionId Valid()	这个方法检查与此请求关联的 session 当前是不是有效。如果当前请求中使用的 session 无效,它将不能通过 getSession()方法返回
bool isRequestedSessionId FromCookie()	如果这个请求的 session id 是通过客户端的一个 cookie 提供的,该方法返回真,否则返回假
bool isRequestedSessionId FromURL	如果这个请求的 session id 是通过客户端的 URL 的一部分提供的,该方法返回真,否则返回假

下面来看一个简单的实例:

```
RequestInfo.java
import java.io.*;
import javax.servlet.*;
import javax.servlet.http.*;
import java.util.*;
public class RequestInfo extends HttpServlet {
    ResourceBundle rb = ResourceBundle.getBundle("LocalStrings");
    Public void doGet(HttpServletRequest req,HttpServletResponse res)
        Throw IOException {
        res.setContentType("text/html;charset = gb2312");
        PrintWriter out = res.getWriter();
        out.println("<html>");
        out.println("<body>");
        out.println("<head>");
```

```java
        out.println("<title>请求信息实例</title>");
        out.println("</head>");
        out.println("<body bgcolor = \"skyblue\">");
        out.println("<h3 align = center>请求信息实例</h3>");
        out.println("<center><table border = 1><tr><td>方法</td><td>");
        out.println(req.getMeythod());
        out.println("</td></tr><tr><td>请求 URI</td><td>");
        out.println(req.getRequestURI());
        out.println("</td></tr><tr><td>协议</td><td>");
        out.println(req.getProtocol());
        out.println("</td></tr><tr><td>路径信息</td><td>");
        out.println(req.getPathInfo());
        out.println("</td></tr><tr><td>远程地址</td><td>");
        out.println(req.getRemoteAddr());
        out.println("</td></tr>");
        String cipherSuite = (String)req.getAttribute("javax.servlet.request.cipher_suite");
        if(cipherSuite! = null){
            out.println("<tr><td>");
            out.println("SSLCipherSuite:");
            out.println("</td>");
            out.println("<td>");
            out.println(req.getAttribute("javax.servlet.request.cipher_suite"));
            out.println("</td>");
        }
        out.println("</table></center>");
        out.println("</body>");
        out.println("</html>");
    }
    public void doPost(HttpServletRequest req,HttpServletResponse res)
        throws IOException, ServletException{
            doGet(req,res);
    }
}
```

调用该 Servlet，运行结果如图 6-3 所示。

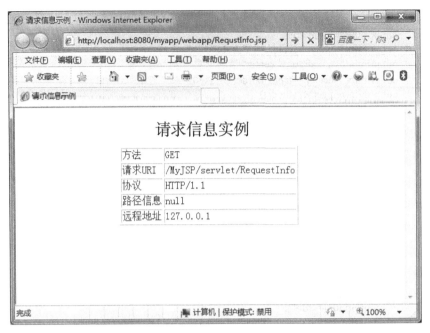

图6-3 HttpServletRequest接口方法演示

3. Servlet响应

ServletResponse 接口封装了服务器响应客户请求的细节，HttpServletResponse 接口是 ServletResponse 接口的子接口，HttpServletResponse 接口方法如表 6-5 所示。

表 6-5 HttpServletResponse 接口方法

方法	描述
void addCookie(Cookie cookie)	在响应中增加一个指定的 cookie
boolean containsHeader(String name)	检查是否设置了指定的响应头
String encodeRedirectURL(String url)	对 sendRedirect 方法使用的指定 URL 进行编码
String encodeURL(String url);	对包含 session id 的 URL 进行编码
void sendError(int statusCode) throw IOException void sendError(int statusCode,String message) throw IOException	用给定的状态码发给客户端一个错误响应。如果提供了一个 message 参数，将作为响应体的一部分被发出，否则，服务器会返回错误代码所对应的标准信息
void sendRedirect(String location) throw IOException	使用给定的路径，给客户端发出一个临时转向的响应
void setDateHeader(String name,long date)	用一个给定的名称和日期值设置响应头

方法	描述
void setHeader(String name,String value)	用一个给定的名称和域设置响应头
void setIntHeader(String name,int value)	用一个给定的名称和整型值设置响应头
void setStatus(int statusCode)	这个方法设置了响应的状态码

Servlet 相关类和接口中的各种方法，读者可以在自己编写代码的过程中进一步学习和理解。

综合实训六　Servlet应用小实例

这一部分实例的开发和运行环境都是基于上面所讲的"Eclipse+Tomcat"的。

实例 9　输出

程序源代码如下：

```
package example4;
import java.io.*;
import javax.servlet.*;
import javax.servlet.http.*;
public class HelloWWW2 extends HttpServlet {
    public void doGet(HttpServletRequest request,HttpServletResponse response)
        throws ServletException, IOException {
        response.setContentType("text/html");
        PrintWriter out = response.getWriter();
        String docType = "<!DOCTYPE HTML PUBLIC \"-//W3C//DTD HTML 4.0 " +
            "Transitional//EN\">\n";
        out.println(docType +"<HTML>\n" +"<HEAD><TITLE>Hello WWW</TITLE>
            </HEAD>\n" +"<BODY>\n" +"<H1>Hello WWW</H1>\n" +"</BODY>
            </HTML>");
        }
}
```

在 web.xml 追加的配置：

```
<servlet>
    <servlet-name>HelloWWW2</servlet-name>
    <servlet-class>example4.HelloWWW2</servlet-class>
</servlet>
<servlet-mapping>
    <url-pattern>/HelloWWW2</url-pattern>
    <servlet-name>HelloWWW2</servlet-name>
</servlet-mapping>
```

启动 Tomcat，在 IE 地址栏中录入"http://localhost/myapp/HelloWWW2"，运行结果

如图 6-4 所示。

图6-4 实例9的运行结果

实例 10 获取表单参数

程序源代码如下：

```
package example4;
import java.io.*;
import javax.servlet.*;
import javax.servlet.http.*;
import java.util.*;
public class ShowParameters extends HttpServle {
    public void doGet(HttpServletRequest request,
    HttpServletResponse response)
        throws ServletException, IOExceptio {
        response.setContentType("text/html");
        PrintWriter out = response.getWriter();
        String title = "Reading All Request Parameters";
        out.println("<BODY BGCOLOR = \"#FDF5E6\">\n" +"<H1 ALIGN = CENTER>
            " +title + "</H1>\n" +"<TABLE BORDER = 1 ALIGN = CENTER>\n" +"
            <TR
            BGCOLOR = \"#FFAD00\">\n" +"<TH>Parameter Name<TH>Parameter
            Value(s)");
        Enumeration paramNames = request.getParameterNames();
        while(paramNames.hasMoreElements()) {
        String paramName = (String)paramNames.nextElement();
        out.print("<TR><TD>" + paramName + "\n<TD>");
        String[] paramValues = request.getParameterValues(paramName);
        if(paramValues.length == 1) {
            String paramValue = paramValues[0];
```

```
                if(paramValue.length() == 0)
                    out.println("<I>No Value</I>");
                else
                    out.println(paramValue);
            }
            else {
                out.println("<UL>");
                for(int i = 0; i<paramValues.length; i++ {
                    out.println("<LI>" + paramValues);
                }
                out.println("</UL>");
            }
        }
        out.println("</TABLE>\n</BODY></HTML>");
    }
    public void doPost(HttpServletRequest request,
    HttpServletResponse response)
    throws ServletException, IOExceptio {
        doGet(request, response);
    }
}
```

在 web.xml 追加的配置：

```
<servlet>
<servlet-name>ShowParameters</servlet-name>
<servlet-class>example4.ShowParameters</servlet-class>
</servlet>
<servlet-mapping>
<url-pattern>/ShowParameters</url-pattern>
<servlet-name>ShowParameters</servlet-name>
</servlet-mapping>
```

启动 Tomcat，在 IE 地址栏中录入"http://localhost/myapp/ShowParameters"，运行结果如图 6-5 所示。

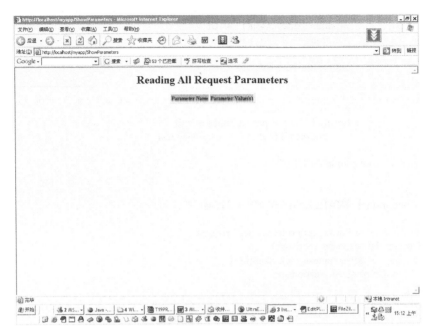

图6-5 实例10的运行结果

实例 11 获取 JSP 各种参数

程序源代码如下：

```
package example11;
import java.io.*;
import javax.servlet.*;
import javax.servlet.http.*;
import java.util.*;
public class ShowCGIVariables extends HttpServle {
    public void doGet(HttpServletRequest request,
        HttpServletResponse response)
        throws ServletException, IOExceptio {
            response.setContentType("text/html");
            PrintWriter out = response.getWriter();
            String[][] variables = { { "AUTH_TYPE", request.getAuthType() },
            { "CONTENT_LENGTH",String.valueOf(request.getContentLength()) },
            { "CONTENT_TYPE", request.getContentType() },{ "DOCUMENT_ROOT",
            getServletContext().getRealPath("/") },{ "PATH_INFO", request.getPathInfo() },
            { "PATH_TRANSLATED", request.getPathTranslated() },
            { "QUERY_STRING", request.getQueryString() },
            { "REMOTE_ADDR", request.getRemoteAddr() },
            { "REMOTE_HOST", request.getRemoteHost() },
            { "REMOTE_USER", request.getRemoteUser() },
            { "REQUEST_METHOD", request.getMethod() },
            { "SCRIPT_NAME", request.getServletPath() },
            { "SERVER_NAME", request.getServerName() },
            { "SERVER_PORT",String.valueOf(request.getServerPort()) },
            { "SERVER_PROTOCOL", request.getProtocol() },
            { "SERVER_SOFTWARE",getServletContext().getServerInfo() }
        };
```

```
        String title = "Servlet Example: Showing CGI Variables";
        out.println(
        "<BODY BGCOLOR = #FDF5E6>" +
        "<H1 ALIGN = \"CENTER\">" + title + "</H1>\n" +
        "<TABLE BORDER = 1 ALIGN = \"CENTER\">\n" +
        "<TR BGCOLOR = \"#FFAD00\">\n" +
        "<TH>CGI Variable Name<TH>Value");
    }
    /** POST and GET requests handled identically */
    public void doPost(HttpServletRequest request,
    HttpServletResponse response)
    throws ServletException, IOException {
        doGet(request, response);
    }
}
```

在 web.xml 追加的配置：

```
<servlet>
<servlet-name>ShowCGIVariables</servlet-name>
<servlet-class>example11.ShowCGIVariables</servlet-class>
</servlet>
<servlet-mapping>
<url-pattern>/ShowCGIVariables</url-pattern>
<servlet-name>ShowCGIVariables</servlet-name>
</servlet-mapping>
```

启动 Tomcat，在 IE 地址栏中录入"http://localhost/myapp/ShowCGIVariables"，运行结果如图 6-6 所示。

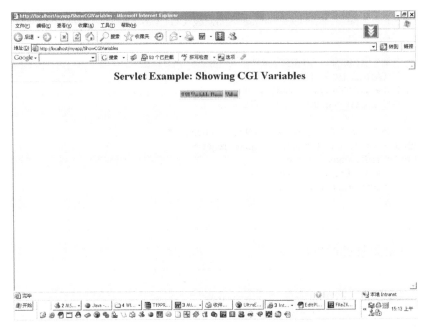

图6-6　实例11的运行结果

项目小结

项目六中我们了解到了 JSP/Servlet 的比较、Servlet 的生命周期、Servlet 的会话、Servlet 的开发环境的配置。JSP 可以做的任何事情，Servlet 都可以完成。但 JSP 语法简单，可以方便地加入 HTML 之中，很容易加入动态部分，方便地输出 HTML。在 Servlet 中输出 HTML 却需要调用特定的方法，对于引号之类的字符也要做特殊的处理，相对 JSP 来说是要困难一些。除了转换和编译阶段外，JSP 和 Servlet 之间的区别则不大。读者在使用的时候可以根据自己的需要和实际情况进行选择。

项目七　JSP与数据库

项目情境

如今，数据库已经成为信息系统的基本框架，并且从根本上改变了许多公司和个人的工作方式。数据库技术经过多年的发展已经出现了很多功能强大、方便易用的数据库系统，使用户无须具备开发高效系统的知识便可创建并应用数据库。现在，数据库已经成为我们生活中不可缺少的一部分。本项目将主要介绍数据库的一些基本知识，并介绍Java提供的一种开放的数据库连接解决方案——JDBC（Java数据库连接）。

学习目标

● 熟悉数据库的基础知识和使用方法。
● 了解JDBC的概念和应用。

任务21　数据库基础知识

任务情境
本项目将介绍数据库的基础知识，包括基本概念、数据模型等。

相关知识

1. 数据库系统使用示例

（1）从超市购物。

当我们从当地超市购买货物时，就是访问数据库。收银员使用条形码阅读器扫描货物，这就连接了一个使用条形码从产品数据库中查询该项货物价格的应用程序，然后该程序产生库存项目的数量，并在收银机上显示价格。如果记录产品的数量低于设定的最低极限值，数据库系统可能会自动设置一个订单来获得更多的产品库存。

(2)使用信用卡购物。

当使用信用卡购物时,服务人员首先要检查你是否有足够的剩余金额可以购买该商品。这种检查可以用电话进行,也可以用连接计算机系统的磁卡阅读器来完成。无论是哪种情况,都是在某个地方有一个数据库,此数据库中包含了你使用信用卡进行购物的详细信息。为了检查你的信用卡,要存在一个数据库应用程序,此程序使用你的信用卡号码来检查想购买的商品价格以及你这个月已经购买的商品总额是否在信用限度内。当购买被确认后,这次购买的详细信息又被加到了这个数据库中。在确认此次购买生效之前,应用程序也会访问数据库,检查该信用卡是否在被盗和丢失列表中。

(3)使用图书馆。

图书馆一般会有一个包含所有图书的详细信息的数据库,其中,可能还包括读者的信息、预订信息等。可能会允许读者基于书名、作者或其他数据查找所需的书籍。数据库系统可能会允许读者预订书籍,并在书籍可以借阅时发邮件通知读者。该系统还可以给没有按期还书的借阅者发提醒通知。一般情况下,系统都有一个条形码阅读器,用于记录归还和借出图书馆的书籍。

2. 数据库基本概念

(1)信息、数据与数据处理。

数据是记载信息的各种物理符号,它是信息的载体、信息的具体表现形式。在我们的日常生活中,数据无处不在。数字、文字、图像、图表、声音等都是数据,人们通过数据来认识世界,交流信息。数据是数据库管理的基本内容和图像。

数据与信息是密切联系的。信息是向人们提供关于现实事物的知识;数据则是表示信息的物理符号,二者是不可分离而又有一定区别的两个相关概念。

用户可以将数据处理分为两个层次来操作:一是基本操作;二是应用操作。

(2)数据库、数据库管理系统与数据库系统。

数据库(database)是指按一定数据结构组织并存储在计算机中的一组相关数据的集合。它能为各种用户共享,具有最小的冗余;数据之间密切联系,而又有较高的独立性。

数据库管理系统(database management system,DBMS)可以理解为管理数据库的系统软件。实际上 DBMS 是用户与操作系统之间的一层管理软件,它为用户或应用程序提供访问数据库的方法,包括数据库的创建、维护、管理、备份、恢复、数据复制等工作。

数据库系统(database system,DBS)是指在计算机系统中引入数据库后构成的系统,一般由数据库、数据库管理系统(及其开发工具)、应用系统、数据库管理员和用户组成。

3. 实体以及数据模型

（1）实体。

从数据处理的角度来看，现实世界中的客观事物都称为实体，它可以指人，如一名教师、一个学生等；也可以指物，如一本书、一张桌子等。它不仅可以指实际的物体，还可以指抽象的事件，如一次借书、一次奖励等。它还可以指事物与事物之间的联系，如学生逃课、客户订货等。

（2）实体间的联系。

实体间的对应关系称为联系，它反映了现实世界的事物之间的相互关联。例如，图书和出版社之间的关联关系就是：一个出版社可以出版多种书，同一种书只能在一个出版社出版。实体间的联系是指一个实体集中可能出现的每一个实体与另一个实体集中多少个具体实体存在联系。实体间有各种各样的联系，归纳起来主要有3种类型。

一对一联系（1:1）：如果对于实体集 A 中的每一个实体，实体集 B 中有且只有一个实体与之联系；反之亦然，则称实体集 A 与实体集 B 具有一对一联系。

一对多联系（1:n）：如果对于实体集 A 中的每一个实体，实体集 B 中有多个实体与之联系；反之对于实体集 B 中的每一个实体，实体集 A 中至多只有一个实体与之联系，则称实体集 A 与实体集 B 有一对多联系。

多对多联系（$m:n$）：如果对于实体集 A 中的每一个实体，实体集 B 中有多个实体与之联系；反之对于实体集 B 中的每一个实体，实体集 A 中也有多个实体与之联系，则称实体集 A 与实体集 B 之间有多对多联系。

（3）实体属性。

一个实体可以有不同的属性，属性描述了实体在某一方面的特性。例如，教师实体可以用教师编号、姓名、性别、出生日期、职称、基本工资、研究方向等属性来描述。每个属性可以取不同的值，对于具体的某一教师，其编号为10121，姓名为张三，性别为男，出生日期为1963年9月7日，职称为教授，基本工资为607元，研究方向为网络信息系统，分别为上述教师实体属性的取值。属性值的变化范围称作属性值的域，如性别这个属性的域为（男、女），职称的域为（助教、讲师、副教授、教授）等。由此可见，属性是个变量，属性值是变量所取的值，而域是变量的取值范围。

由上可见，属性值所组成的集合表征一个实体，相应的属性的集合表征了一种实体的类型，称为实体型。例如上面的教师编号、姓名、性别、出生日期、职称、基本工资、研究方向等表征"教师"这一实体的实体型。同类型的实体的集合称为实体集。

用"表"来表示同一类实体,即实体集,用"记录"来表示一个具体的实体,用"字段"来表示实体的属性。显然,字段的集合组成一条记录,记录的集合组成一张表,相应于实体型,则代表了表的结构。

(4)数据模型。

数据模型是数据库的组织形式,是实体模型的数据化。每一个实体的数据称为"记录";实体属性的数据称为"数据项"或"字段";所有记录的集合组成"表"。目前,数据库系统中主要的数据模型有 3 种:层次模型、网状模型和关系模型。我们最常用的是关系型数据库,如 Oracle 和 SQLServer 都属于关系型数据库。

4. 关系型数据库

(1)关系模型。

关系模型把数据之间的组织关系用一张表来表示,它的数据结构是一张二维表,一张二维表就称为一个关系。二维表中的一行称为"记录",表中的属性(数据项)称为列(也就是字段)。在数据库中一张二维表就构成了一个数据库文件;反之一个数据库文件就对应着一张二维表。

二维表构成的关系模型应该满足以下条件:表格中不允许有重复的行和列;表格中的各列不允许有相同的列名;表格中每一列的所有数据类型必须相同或兼容。

关系模型的优点:数据结构单一,在关系模型中,不管是实体还是实体之间的联系,都用关系来表示,而关系都对应着一张二维表,数据结构简单、清晰;关系规范化,并建立在严格的理论基础上,关系中的每个属性不可再分割,关系是建立在严格的数学概念基础上,具有坚实的理论基础;概念简单,操作方便,关系模型最大的优点就是简单,用户容易理解和掌握,一个关系就是一张二维表,用户只需用简单的查询语言就能对数据库进行操作。

(2)关系型数据库。

以关系模型建立的数据库就是关系型数据库(relational database,RDB)。关系数据库中包含若干个关系,每个关系都由关系模型确定,每个关系模型包含若干个属性和属性对应的域,所以,定义关系数据库就是逐一定义关系模式,对每一个关系模式逐一定义属性及其对应的域。一个关系就是一张二维表格,表格由表格结构与数据构成,表格的结构对应关系模式,表格中的每一列对应关系模式的一个属性,该列的数据类型和取值范围就是该属性的域。因此,定义了表格就定义了对应的关系。

任务22 JDBC简介

任务情境

JDBC 技术的鼻祖 Microsoft 公司提供的数据库驱动程序 API：ODBC（开放式数据库连接）。Microsoft 为了提供在 Windows 平台上方便地访问各种数据库资源，建立了标准的数据库访问 API，它是厂商驱动程序、平台和数据库之间的中介。使用 ODBC，并不需要在客户程序中嵌入 SQL，而是定义了一套用于直接访问数据库的函数。JDBC 的 API 就是基于 ODBC 开发而来的。

通过 JDBC 可以将 SQL 语句传送给任何数据库，并返回相应的数据结果。JDBC 的体系结构如图 7-1 所示。

图7-1　JDBC的体系结构

下面分别介绍数据库驱动程序和 JDBC API，JDBC Driver Manager 将在后面使用 JDBC 访问数据库时再详细介绍。

相关知识

1. 数据库驱动程序

一般情况下，数据库系统供应商都会提供用于访问数据库服务器所管理数据的 API，JDBC API 则提供了统一的用户访问界面。虽然简化了用户的学习成本，提高了开发效率，但是在 JDBC 的底层实现中，必须将 JDBC 的 API 与厂商的数据库访问 API 结合起来才有可能获取数据库信息。这就是数据库驱动程序产生的原因，JDBC 驱动程序成为 JDBC API 和相关厂商 API 联系的桥梁。下面是 JDBC 数据库驱动程序的几种类型。

（1）类型1：JDBC-ODBC 桥。

JDBC-ODBC 桥将 JDBC 调用转换成相应的 ODBC 调用，通过 ODBC 库访问 ODBC 数据源。这种方式由于每次进行数据库访问调用时，都要经过多个层次的调用，因此显得效率较低。同时，应用程序为安装和配置 JDBC-ODBC 桥提供了一种方便、实用的方式，因为 ODBC 已经发展成为一种标准，在多数操作系统（尤其是 Windows 系统）中都预先安装和配置了常用数据库系统的驱动。在访问某些数据源，如 Microsoft Access

数据库时，这是唯一可行的方式。

（2）类型2：部分Java驱动，部分本地驱动。

这种方式需要在客户机上安装本地 JDBC 驱动程序和具体厂商的本地数据库API。本地 JDBC 驱动程序部分使用 Java 代码处理访问请求，部分使用本地化代码访问厂商的数据库 API 以转化数据库调用。这种方式提高了效率，而且能够充分利用厂商API 提供的所有功能。

（3）类型3：中介数据库服务器。

这是一种非常灵活的方式，在纯 Java 的 JDBC 驱动程序和数据源之间建立中介数据库服务器（中间件）。中介数据库服务器作为一个或多个数据库服务器的网关，通过它可以连接不同的数据库服务器。这样客户端开发人员就不用过多地考虑数据库连接细节，尤其是在开发复杂的应用程序（可能要访问多种不同数据库服务器）时可以很方便地实现。

（4）类型4：本地协议纯 Java 驱动。

这种驱动程序通过与数据库建立直接的网络套接字连接，采用具体厂商的本地网络协议将 JDBC 调用转换为直接的网络调用。这种方式效率最高，而且部署采用这种驱动程序方式的应用程序也更方便，它不需要安装其他的运行库和中间件。目前，多数的数据库厂商都提供自己的驱动程序。

2. JDBC核心API

目前，JDBC API 已经发展到 3.0 版，它包括 JDBC 核心 API（JDBC Core API）和 JDBC 可选包 API（JDBC Optional Package API）。在 JDK1.5 中，核心 API 是指 java.Sql 包中的所有类和接口，而可选包 API 则包括 javax.Sql、javax.rowset、javax.rowset.serial 和 javax.rowset.spi 几个包的内容。

表 7-1 显示了 java.Sql 包中所有的类和接口。

表 7-1　java.Sql 包中的类和接口

类/接口	含义
Array	接口，数组，用于表示 SQL 数据类型和 Java 类型之间的映射
Blob	接口，大二进制对象，用于表示 SQL 数据类型和 Java 类型之间的映射
Clob	接口，大字符对象，用于表示 SQL 数据类型和 Java 类型之间的映射

续 表

类/接口	含义
Date	类,日期对象,用于表示 SQL 数据类型和 Java 类型之间的映射
Ref	接口,引用对象,用于表示 SQL 数据类型和 Java 类型之间的映射
Struct	接口,对象数组,用于表示 SQL 数据类型和 Java 类型之间的映射
Time	类,时间对象,用于表示 SQL 数据类型和 Java 类型之间的映射
Timestamp	类,时间戳对象,用于表示 SQL 数据类型和 Java 类型之间的映射
Types	类,定义了各种 SQL 数据类型
Connection	接口,创建和管理数据库连接
Driver	接口,所有数据库驱动程序都会实现 Driver 接口
DriverInfo	默认访问类(只可由同一包或派生类访问),获取 Driver 信息
DriverManage	类,对数据库驱动程序进行管理
DriverPropertyInfo	类,获取数据库驱动程序属性信息
DatabaseMetaData	接口,获取数据库元数据
ParameterMetaData	接口,获取参数值元数据
ResultSetMetaData	接口,获取结果集元数据
ResultSet	接口,结果集
Savepoint	接口,表示事务中的一个存储点
SQLData	接口,表示用户定义的 SQL 类型映射到 Java 类
SQLInput	接口,用户定义的 SQL 输入对象
SQLOutput	接口,用户定义的 SQL 输出对象
SQLException	类,SQL 异常
BatchUpdateException	类,批处理更新异常,SQLException 子类
SQLWarning	类,SQL 警告,SQLException 子类
DataTrunction	类,SQLWarning 类,当 JDBC 意外地截取一个数据值时抛出的异常
SQLPermission	final 类(不可派生),提供安全访问

续 表

类/接口	含义
Statement	接口，管理 SQL 语句的建立和执行
PreparedStatement	接口，实现 Statement 接口，它是一个空白的 SQL 模板，可以设置未知参数
CallableStatement	接口，实现了 PreparedStatement 接口，用于调用存储过程

表 7-1 中的所有类都在 JDK 所带的基础包中实现，而相关的接口也都由厂商的数据库驱动程序来实现，因此使用上述的类和接口的方法以及对应的驱动就可以方便地存取各种数据库。

3. JDBC可选包API

如上一部分所示，JDBC 可选包 API 包括 javax.Sql、javax.rowset、javax.rowset.serial 和 javax.rowset.spi 四个包中的内容。它主要包括以下功能：

（1）连接池。在上一部分中提到连接（connection），使用核心 API，在每次进行数据库访问时需要在内存中实例化一个新的连接对象，同时调用底层的数据库服务器之间建立的连接，而在使用完之后需要断开连接，销毁连接对象。对于 JSP 应用程序来说，这是一个非常耗费资源的操作。因此，在可选包 API 中引入了连接池的概念，连接池就是数据库连接的缓存，连接对象可以被重复使用，而不需要重复地创建和销毁。因此使用连接池可以提高应用的整体性能。

（2）基于 JNDI（Java 命名和目录接口）的数据库查询。采用基于 JNDI 的查询，用逻辑名来访问数据库资源，这样就不用每个客户都试图在本地虚拟机上装载数据库驱动程序。而且方便访问数据库资源的集中管理，避免了底层数据库的改变影响客户端。

（3）分布式事务。在某些应用中，需要采用多个语句来执行一个功能，而这些语句必须要么都成功，要么都失败，这就是事务的概念。最典型的事务的例子就是银行的转账应用，从一个账户转出的资金必须转入另一个账户，中间任何一步出现问题而导致资金不能入账都必须同时取消前账户的转出。事务保证了数据的完整性和一致性。一般的数据库系统都能保证在同一连接中事务的完整性。

但是，在某些情况下，一个应用可能在单个的商业事务中采用不同的连接来访问相同的数据库，或者在单个事务中需要更新多个数据库的数据。这就需要分布式事务的支持来保证完整性和一致性。JDBC 可选包 API 提供了对分布式事务的强大支持。需要注意的是，分布式事务需要底层数据库系统的支持，并不是所有的数据库系统都能够支持。

（4）行集（RowSet）。行集提供了与结果集（ResultSet）类似但功能更为强大的数据访问方法。行集可以支持离线模式，它并不需要在操作过程中保持一个连接，而是在对结果进行更新的情况下会采取适当的处理措施影响底层数据库。

由于这个包更多地被用于厂商实现他们的数据库访问接口，所以关于这部分的讨论主要集中在如何理解这些服务和概念，而不是如何进行应用开发。

任务23　数据库MySql的安装与配置

任务情境

通过全面的学习我们已经了解了 JDBC，下面将通过实例运用 JDBC 的强大功能操作数据库，处理业务。

相关知识

1. 安装MySql

● Step01：下载 MySql。

访问"p://dev.MySql.com/get/Downloads/MySql-5.0/MySql-5.0.19-win32.zip/from/ pick"，下载并解压缩 MySql-5.0.19-win32.zip。

● Step02：安装、配置 MySql。

运行 setup.exe，首先出现的是安装向导欢迎界面，直接单击 Next 按钮继续，选择安装类型，选择自定义 custom 按钮安装，然后单击 Next 按钮下一步，出现自定义安装界面，选择安装路径 C:\MySqlServer5（可自定义），单击 OK 按钮返回到自定义安装界面，路径已改为设置的路径，单击 Next 按钮，再单击 Install 按钮开始安装。

安装完成后出现创建 MySql.com 账号的界面。如果是首次使用 MySql，选 Create a new free MySql.com accout，单击 Next 按钮，输入你的 E-mail 地址和自己设定的用于登录 MySql.com 的密码；填完后单击 Next 按钮进入第二步，填写姓名等相关信息；填完后单击 Next 按钮，进入第三步，填完电话号码、公司名称等信息后，单击 Next 按钮，然后出现你刚才填的信息的预览界面，单击 Next 按钮出现安装完成界面。注意，这里有个配置向导的选项（Configure the MySql Server now），建议勾选"立即配置你的 MySql"。安装完 MySql 后无法启动的原因，在于没有配置 MySql。单击 Finish 按钮完成安装，并开始配置 MySql，单击 Next 按钮，进入配置类型选择页面。选 Detailed configuration（详细配置），单击 Next 按钮，进入服务类型选择页面。选 Developer Machine（开发者机器），这样占用系统的资源不会很多，单击 Next 按钮后，进入数据库用法选择页面。

选择 Multifunctional Database，单击 Next 按钮，进入选择 InnoDB 数据存放位置页面，不用更改设置，直接放在 Installation Path 安装目录里即可；然后单击 Next 按钮，选择 MySql 的同时连接数，选择 Manual Setting，设置为 100(根据自己需要，酌情设置)；单击 Next 按钮，配置 MySql 在 TCP/IP 通信环境中的端口选择默认的 3306 端口即可；单击 Next 按钮，选择 MySql 中的字符设置，注意，这里的选择将会影响你是否能在 MySql 中使用中文。选择 GB-2312 字符集以便支持简体中文，单击 Next 按钮，设置 Windows 服务选项，注意，这里的选择很关键。

Install As Windows Service 一定要勾选，这是将 MySql 作为 Windows 的服务运行。Service Name 就用默认的 MySql，下面的 Launch the MySql Server automatically 一定要勾选，这样 Windows 启动时，MySql 就会自动启动服务，要不然就要手工启动 MySql。许多人说安装 MySql 后无法启动、无法连接、出现 10061 错误，原因就在这里。再单击 Next 按钮，设置根账号 root 的登录密码，Modify Security Settings 是设置根账号的密码，输入你设定的密码即可。

Create An Anonymous Account 是创建一个匿名账号，这样会导致未经授权的用户非法访问你的数据库，有安全隐患，建议不要勾选。单击 Next 按钮，MySql 配置向导将依据你上面的所有设定配置 MySql，以便 MySql 的运行符合你的需要，单击 Execute 按钮开始配置，当出现 Service started successfully 时，说明你的配置完成，MySql 服务启动成功。最后单击 Finish 按钮，整个 MySql 的配置完成，剩下的就是用 MySql 客户端连接 MySql 服务器，然后使用了。

● Step03：MySql 客户端连接 MySql 服务器。

我们可以用"MySql 管理工具 SQL yog"这个工具来连接 MySql 服务器，对 My-Sql 进行图形化管理及操作，比如建库、建表、增加、删除数据表中的数据。其免费下载网址是：http://www.webyog.com/。下面我们着重了解一下这个工具的使用。输入登录名与密码后的界面如图 7-2 所示。

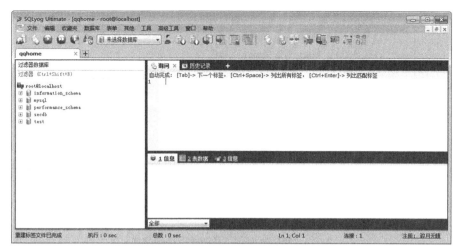

图7-2　SQL yog工具界面

- Step04：安装 JDBC 驱动。

解压缩 MySql-connector-java-3.1.10.zip，将要使用的是 MySql-connector-java- 3.1.10-bin-g.jar 和 ySQL -connector-java-3.1.10-bin.jar。在 C:\Program Files\Java 目录下建立 MySqlforjdbc 子目录，进入该目录，将 MySql-connector-java-3.1.10-bin.jar 复制到该目录下。进入 C:\Program Files\Java\jdk1.5.0_04\lib 目录，将 MySql-connector- java- 3.1.10-bin-g.jar 复制到该目录下，然后配置 classpath，追加"%JAVA_HOME%\lib\ MySql- connector-java-3.1.10-bin-g.jar;C:\Program Files\Java\ MySqlforjdbc\MySql- connector- java- 3.1.10-bin.jar;"到该环境变量中去。追加以后环境变量如下：

```
CLASSPATH = %JAVA_HOME%\lib\dt.jar;
%JAVA_HOME%\lib\tools.jar;
C:\Program Files\Apache Software Foundation\Tomcat5.5\common\lib\Servlet-API.jar;
%JAVA_HOME%\lib\MySql-connector-java-3.1.10-bin-g.jar;
C:\Program Files\Java\MySqlforjdbc\MySql-connector-java-3.1.10-bin.jar;
```

配置这个的目的是让 Java 应用程序找到连接 MySql 的驱动。

- Step05：在 MySql 中建数据库、数据表。

下面我们用"MySql 管理工具 SQL yog"这个工具建一个数据表。首先，建立一个数据库，它的名称叫 example（注：我们以后的数据表操作，都是基于这个库），如图 7-3 所示。

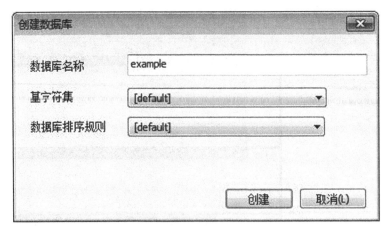

图7-3 用SQL yog工具新建一个数据库

接着,我们来建一张表,它的名称叫"about"。右击数据库 example,选择 Create table in the database,如图 7-4 所示。

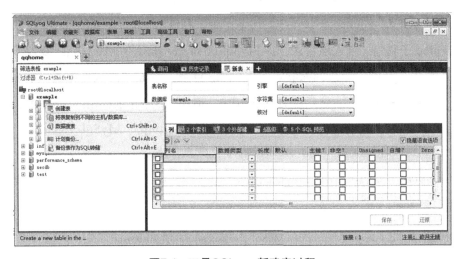

图7-4 工具SQL yog新建表过程

接下来,界面显示如图 7-5 所示。

图7-5 工具SQL yog新建表界面

也可以把以下的建表命令复制到右边的框中,选择 example 数据库,按 F5 键来执行它。

```
create table about(id int(8)
primary key,name varchar(10));
```

在表中插入数据,其操作界面如图 7-6 所示。选择 insert/update data…,我们就可以插入数据了。

注意:每个表要有一个关键字,才能使用 insert/update data…这个功能。

图7-6 用工具SQL yog在表中插入数据

它相当于命令:

```
insert into about values
('xyw1026','laojiang');
```

● Step06:在 JSP 连接 MySql。

（1）请把数据库驱动 mm.MySql-2.0.4-bin.jar 放到 WEB-INF/LIB/目录下(如果是虚拟主机，请放到虚拟主机根目录下的 WEB-INF/LIB/)。

（2）把 testLinkMySql.jsp 连接数据库文件放到你具有可执行 JSP 的目录下，通过 Web 执行，如果看到"数据库操作成功，恭喜你"字样，则表示数据连接成功。

在 C:\Tomcat5\webapps\myapp\webapp 目录下用记事本或 editplus（一个编辑工具）编写一个文件，保存为 testLinkMySql.jsp。

代码如下：

```
<%@ page contentType = "text/html;charset = gb2312"%>
<%@ page import = "java.Sql.*"%>
<html>
    <body>
    <%Class.forName("org.gjt.mm.MySql.Driver").newInstance();
    //重载数据库驱动
    String URL = "jdbc:MySql:/localhost/example?user =
    root&password = 1234&useUnicode = true&characterEncoding = 8859_1" ;
    //数据库连接字符串
    // about 为你的数据表名
    Connection conn = DriverManager.getConnection(URL);
    Statement  stmt = conn.createStatement
    (ResultSet.TYPE_SCROLL_SENSITIVE,ResultSet.CONCUR_UPDATABLE);
    String SQL = "select * from about ";
    ResultSet rs = stmt.executeQuery(SQL );
    while(rs.next())  {%>
    您的第一个字段内容为：<% = rs.getString(1)%>
    您的第二个字段内容为：<% = rs.getString(2)%>
    <%}%>
    <%out.print("数据库操作成功，恭喜你");%>
    <%rs.close();
    stmt.close();
    conn.close();
    %>
    </body>
</html>
```

在浏览器中输入"http://127.0.0.1:8080/myapp/webapp/testLinkMySql.jsp"，出现如图 7-7 所示的结果。

号码	姓名
1	张三
2	李四
3	王五

图7-7 用JSP连接MySql的运行结果

到此，我们已成功对 MySql 数据库进行连接、配置。以后，我们的基本数据库的实例都是基于 MySql 数据库，操作数据库的还是 MySql 管理工具 SQL yog。

2. JSP 连接数据库方法大全

下面是数据库连接最基本的方法，供大家参考。其实这种把数据库逻辑全部放在 JSP 里未必是好的做法，当大家学到一定程度的时候，可以考虑用 MVC 的模式开发。在练习这些代码的时候，注意一定要将 JDBC 的驱动程序放到服务器的类路径里，然后在数据库里建一张表 test，有两个字段为 test1、test2，可以用下面 SQL 建 create table test(test1 varchar(20)，test2 varchar(20))，然后向这张表写入一条测试记录。

（1）JSP 连接 Oracle8/8i/9i 数据库（用 thin 模式），TestOracle.jsp 源代码如下：

```jsp
<%@ page contentType = "text/html;charset = gb2312"%>
<%@ page import = "java.Sql.*"%>
<html>
    <body>
    <%Class.forName("oracle.jdbc.driver.OracleDriver").newInstance();
    String URL = "jdbc:oracle:thin:@localhost:1521:orcl";
    //orcl 为你的数据库的 SID
    String user = "scott";
    String password = "tiger";
    Connection conn = DriverManager.getConnection(URL,user,password);
    Statement stmt = conn.createStatement
        (ResultSet.TYPE_SCROLL_SENSITIVE,ResultSet.CONCUR_UPDATABLE);
    String SQL = "select * from Test";
    ResultSet rs = stmt.executeQuery(SQL );
    while(rs.next())  {%>
    您的第一个字段内容为：<% = rs.getString(1)%>
    您的第二个字段内容为：<% = rs.getString(2)%>
    <%}%>
    <%out.print("数据库操作成功，恭喜你");%>
    <%rs.close();
    stmt.close();
    conn.close();
    %>
    </body>
</html>
```

（2）JSP 连接 SQL Server7.0/2000 数据库，TestSQL Server.jsp 源代码如下：

```jsp
<%@ page contentType = "text/html;charset = gb2312"%>
<%@ page import = "java.Sql.*"%>
<html>
    <body>
    <%Class.forName("com.microsoft.jdbc. Sqlserver. SQL ServerDriver ").newInstance();
    String URL = "jdbc:microsoft: Sqlserver://localhost:1433;DatabaseName = pubs";
    //pubs 为你的数据库名
    String user = "sa";
    String password = "";
    Connection conn = DriverManager .getConnection(URL,user,password);
    Statement stmt = conn.createStatement
```

```
                (ResultSet.TYPE_SCROLL_SENSITIVE,ResultSet.CONCUR_UPDATABLE);
    String SQL = "select * from Test";
    ResultSet rs = stmt.executeQuery(SQL);
    while(rs.next()) {%>
    您的第一个字段内容为：<% = rs.getString(1)%>
    您的第二个字段内容为. <% = rs.getString(2)%>
    <%}%>
    <%out.print("数据库操作成功，恭喜你");%>
    <%rs.close();
    stmt.close();
    conn.close();
    %>
    </body>
</html>
```

（3）JSP 连接 DB2 数据库，TestDB2.jsp 源代码如下：

```
<%@ page contentType = "text/html;charset = gb2312"%>
<%@ page import = "java.Sql.*"%>
<html>
    <body>
    <%Class.forName("com.ibm.db2.jdbc.app.DB2Driver").newInstance();
    String URL = "jdbc:db2://localhost:5000/sample";
    //sample 为你的数据库名
    String user = "admin";
    String password = "";
    Connection conn = DriverManager .getConnection(URL,user,pass)
    String SQL = "select * from Test";
    ResultSet rs = stmt.executeQuery(SQL );
    while(rs.next()) {%>
    您的第一个字段内容为：<% = rs.getString(1)%>
    您的第二个字段内容为：<% = rs.getString(2)%>
    <%}%>
    <%out.print("数据库操作成功，恭喜你");%>
    <%rs.close();
    stmt.close();
    conn.close();
    %>
    </body>
</html>
```

（4）JSP 连接 Informix 数据库，TestInformix.jsp 源代码如下：

```
<%@ page contentType = "text/html;charset = gb2312"%>
<%@ page import = "java.Sql.*"%>
<html>
    <body>
    <%Class.forName("com.informix.jdbc.IfxDriver").newInstance();
    String URL = "jdbc:informix-SQL i://123.45.67.89:1533/TestDB:INFORMIXSERVER =
        myserver;
    user = testuser;password = testpassword";
    //TestDB 为你的数据库名
    Connection conn = DriverManager .getConnection(URL);
```

```
Statement stmt = conn.createStatement
    (ResultSet.TYPE_SCROLL_SENSITIVE,ResultSet.CONCUR_UPDATABLE);
String SQL = "select * from Test";
ResultSet rs = stmt.executeQuery(SQL );
while(rs.next()) {%>
您的第一个字段内容为：<% = rs.getString(1)%>
您的第二个字段内容为：<% = rs.getString(2)%>
<%}%>
<%out.print("数据库操作成功，恭喜你");%>
<%rs.close();
stmt.close();
conn.close();
%>
    </body>
</html>
```

（5）JSP 连接 Sybase 数据库，TestMySql.jsp 源代码如下：

```
<%@ page contentType = "text/html;charset = gb2312"%>
<%@ page import = "java.Sql.*"%>
<html>
    <body>
        <%Class.forName("com.sybase.jdbc.SybDriver").newInstance();
        String URL = "jdbc:sybase:Tds:localhost:5007/tsdata";
        //tsdata 为你的数据库名
        Properties sysProps = System.getProperties();
        SysProps.put("user","userid");
        SysProps.put("password","user_password");
        Connection conn = DriverManager .getConnection(URL, SysProps);
        Statement stmt = conn.createStatement
            (ResultSet.TYPE_SCROLL_SENSITIVE,ResultSet.CONCUR_UPDATABLE);
        String SQL = "select * from Test";
        ResultSet rs = stmt.executeQuery(SQL );
        while(rs.next()) {%>
        您的第一个字段内容为：<% = rs.getString(1)%>
        您的第二个字段内容为：<% = rs.getString(2)%>
        <%}%>
        <%out.print("数据库操作成功，恭喜你");%>
        <%rs.close();
        stmt.close();
        conn.close();
        %>
    </body>
</html>
```

（6）JSP 连接 MySql 数据库，TestMySql.jsp 源代码如下：

```
<%@ page contentType = "text/html;charset = gb2312"%>
<%@ page import = "java.Sql.*"%>
<html>
    <body>
        <%Class.forName("org.gjt.mm.MySql.Driver").newInstance();
        String URL = "jdbc:MySql://localhost/example?user = root&password = 1234&useUni
            code = true&characterEncoding = 8859_1";
```

```
//example 为你的数据库名
Connection conn = DriverManager .getConnection(URL);
Statement stmt = conn.createStatement
(ResultSet.TYPE_SCROLL_SENSITIVE,ResultSet.CONCUR_UPDATABLE);
String SQL = "select * from Test";
ResultSet rs = stmt.executeQuery(SQL );
while(rs.next()) {%>
您的第一个字段内容为：<% = rs.getString(1)%>
您的第二个字段内容为：<% = rs.getString(2)%>
<%}%>
<%out.print("数据库操作成功，恭喜你");%>
<%rs.close();
stmt.close();
conn.close();
%>
</body>
</html>
```

（7）JSP 连接 PostgreSQL 数据库，TestMySql.jsp 源代码如下：

```
<%@ page contentType = "text/html;charset = gb2312"%>
<%@ page import = "java.Sql.*"%>
<html>
    <body>
    <%Class.forName("org.postgreSQL .Driver").newInstance();
    String URL = "jdbc:postgreSQL ://localhost/soft";
    //soft 为你的数据库名
    String user = "myuser";
    String password = "mypassword";
    Connection conn = DriverManager .getConnection(URL,user,password);
    Statement stmt = conn.createStatement
    (ResultSet.TYPE_SCROLL_SENSITIVE,ResultSet.CONCUR_UPDATABLE);
    String SQL = "select * from Test";
    ResultSet rs = stmt.executeQuery(SQL);
    while(rs.next()) {%>
    您的第一个字段内容为：<% = rs.getString(1)%>
    您的第二个字段内容为：<% = rs.getString(2)%>
    <%}%>
    <%out.print("数据库操作成功，恭喜你");%>
    <%rs.close();
    stmt.close();
    conn.close();
    %>
    </body>
</html>
```

任务24　JSP连接MySql的方法

任务情境

用 JSP 对 MySql 数据库进行数据开发时，需要一些公用的方法。下面是 JSP 调用 MySql 数据源时，它对 MySql 数据库进行查询及插入等最基本的处理。

注意：一定要将 MySql 的 JDBC 的驱动程序放到服务器的类路径里。

相关知识

1. 对MySql数据库最基本的DB操作

下面是操作 MySql 数据库的方法。其源代码如下：

```java
/** *这是对 MySql 数据库最基本的 DB 操作    */
package example7;
import java.Sql.CallableStatement;
import java.Sql.Connection;
import java.Sql.DriverManager;
import java.Sql.ResultSet;
import java.Sql.SQLException;
import java.Sql.Statement;
public class IpConn {
// private static String
// dbdriver = "sun.jdbc.odbc.JDBCodbcDriver";//如果要通过 odbc 连接，就把这个注释去掉
// private static String connstr = "jdbc:odbc:pubs";
    private static String dbdriver = "org.gjt.mm.MySql.Driver";
    private static String connstr = "jdbc:MySql://
        localhost/example?user = root&password = 1234&useUnicode = true&character
        Encoding = 8859_1"; // example 为 MySql 数据库名，就是上面用工具建立的
    private static Connection conn = null;
    ResultSet rs = null;
    private static Statement stms;
    public IpConn() {
        try {
        Class.forName(dbdriver).newInstance();
        conn = DriverManager.getConnection(connstr);
        stms = conn.createStatement();
            }catch(java.lang.ClassNotFoundException e) {
        System.out.println("faq():" + e.toString() + e.getMessage());
            }catch(Exception e) {
        System.out.println("faq():" + e.toString() + e.getMessage());
            }
    }
    /**  *  打开数据库连接    */
    public static Connection getConnection() throws SQLException {
        Connection conn1 = null;
        try {
            Class.forName(dbdriver);
            conn1 = DriverManager.getConnection(connstr, "sa", "sa");
            stms = conn1.createStatement();
        }catch(Exception e) {
            System.err.println("DBconn(): " + e.getMessage());
            }
        return conn1;
    }
    /**  * *执行可分页的查询操作     */
    public ResultSet executeQuery3(String SQL) {
        try {
            stms = conn.createStatement(ResultSet.TYPE_SCROLL_INSENSITIVE,
                ResultSet.CONCUR_UPDATABLE);
            rs = stms.executeQuery(SQL);
```

```java
        } catch(Exception e2) {
            System.out.println("errorQuery:" + e2.toString() + e2.getMessage());
        }
        return rs;
    }
/**
*   执行 Select 查询语句,可用于执行一般的 SQL 查询操作
*   @param SQL
*   Select 查询语句
*   @return ResultSet 查询结果集 */
    public ResultSet executeQuery(String SQL) throws SQLException {
        rs = null;
        try { // 取得连接对象
            if(conn == null)
                conn = getConnection();
            stms = conn.createStatement();// 取得执行对象
            rs = stms.executeQuery(SQL); //取得结果集
        } catch(Exception ex) {
            System.err.println("执行 SQL 语句出错: " + ex.getMessage());
        }
        return rs;
    }
/**
*   执行更新操作,执行一般的更新数据库操作
*   @param SQL
*   Select 更新语句 */
    public void updateBatch(String SQL) throws SQLException {
        try { // 取得连接对象
            if(conn == null)
                conn = getConnection();
            conn.setAutoCommit(false); //设置事务处理
            String procSQL = "begin \n" + SQL + " \nend;";
            CallableStatement cstmt = conn.prepareCall(procSQL);
            cstmt.execute();
            conn.commit();
            cstmt.close();
        } catch(SQLException ex) {
            System.err.println("执行 SQL 语句出错:" + ex.getMessage());
            try {
                conn.rollback(); //事务失败，回滚
            } catch(Exception e) {
            }
            throw ex;
        }
    }// end public
/**
*   执行 Insert、Update 语句
*   @param SQL
*   @return null SQLException */
    public void executeUpdate(String SQL) throws SQLException {
        try {
            if(conn == null) //取得连接对象
                conn = getConnection();
            conn.setAutoCommit(false); //设置事务处理
```

```java
            stms = conn.createStatement();
            stms.executeUpdate(SQL);
            // stmt.close();
            conn.commit();
            // conn.close();
        } catch(SQLException ex) {
            System.err.println("执行 SQL 语句出错: " + ex.getMessage());
            try {
                conn.rollback();//事务失败，回滚
            } catch(SQLException e) {
            }
            throw ex;
        }
    }// end public executeUpdate
    /**    *  提交批 SQL 语句      */
    public boolean executeQuery(String[] SQL) throws Exception {
        boolean flag = false;
        try {
            conn.setAutoCommit(false);
            stms = conn.createStatement();
            for(int k = 0; k < SQL.length; k++) {
                if(SQL[k] != null)
                    stms.addBatch(SQL[k]);
            }
            stms.executeBatch();//提交批 SQL 语句
            conn.commit();
            flag = true;
            return flag;
        }catch(Exception ex) {
            try {
                conn.rollback();
            }catch(Exception e) {
            }
            System.out.println("[LinkSQL .executeQuery(String[])] : "+ ex.getMessage());
            throw new Exception("执行 SQL 语句出错: " + ex.getMessage());
        }
    }
/**
* 转换函数,转换为 GBK 码
* @param value
* @return String 返回转换后的字符串 */
    public static String convert(String value) {
        try {
            String s = new String(value.getBytes("ISO8859_1"), "GBK");
            return s;
        }catch(Exception e) {
            String s1 = "";
            return s1;
        }
    }
/**
* 转换函数,转换为 ISO8859 码
* @param value
* @return String 返回转换后的字符串 */
    public static String reconvert(String value) {
        try {
```

```java
                String s = new String(value.getBytes("GBK"), "ISO8859_1");
                return s;
            } catch(Exception e) {
                String s1 = "";
                return s1;
            }
        }
    }
    /**
     * 释放系统资源
     * @return null */
    public void close() throws Exception {
        try {
            if(rs != null)
                rs.close();
            if(conn != null) {
                if(!conn.isClosed()) {
                    if(stms != null)
                        stms.close();
                    conn.close();
                }
            }
        } catch(Exception e) {
            e.printStackTrace();
            throw e;
        }
        finally {
            rs = null;
            stms = null;
            conn = null;
        }
    } // end public closeConn
    /**
     * 析构函数 释放系统资源
     * @return null */
    public void close_1() {
        try {
            if(conn != null) {
                conn.close();
            }
        } catch(Exception e) {
        }
    }
    /**
     * 将 Date 类型日期转化成 String 类型"任意"格式
     * java.Sql.Date,java.Sql.Timestamp 类型是 java.util.Date 类型的子类
     * @param date Date
     * @param format String
     * "2003-01-01"格式
     * "yyyy 年 m 月 d 日"
     * "yyyy-mm-dd hh:mm:ss"格式
     * @return String */
    public static String dateToString(java.util.Date date,String format) {
        if(date == null || format == null) {
            return null;
        }
        SimpleDateFormat sdf = new SimpleDateFormat(format);
```

```
            String str = sdf.format(date);
            return str;
    }
/**
 * 将 String 类型日期转化成 java.utl.Date 类型"2003-01-01"格式
 * @param str String    要格式化的字符串
 * @param format String
 * @return Date */
    public static java.util.Date stringToUtilDate(String str,String format) {
        if(str == null||format == null) {
            return null;
        }
        SimpleDateFormat sdf = new SimpleDateFormat(format);
        java.util.Date date = null;
        try {
            date = sdf.parse(str);
        } catch(Exception e) {
        }
        return date;
    }
}// end function
```

2. 调用对 DB 操作的方法

上一节我们介绍了对数据库操作，在 C:\Tomcat5\webapps\myapp\webapp 目录下，用记事本或 editplus（一个编辑工具）编写一个文件保存为 TestDB7_1.jsp,其中表名还是我们上一节建立的表 about，相关的源代码如下：

```
<%@ page language = "java" contentType = "text/html; charset = gb2312" %>
<%@page language = "java" import = "java.Sql.*" %>
<jsp:useBean id = "conn" scope = "page" class = "TestDB7.IpConn"/>
//引入上一节中我们建的对 DB 操作的基本类
<html>
<head>
<title>测试对数据库的操作</title>
<meta http-equiv = "Content-Type" content = "text/html; charset = gb2312">
<LINK href = "/include/css.css" REL = "stylesheet" type = "text/css">
<script language = "Javascript" src = "/include/mydate.js"></script>
</head>
<%
ResultSet rs = null;
String MySql = "";
MySql = "select * from about where id = '1'";
//查询的 SQL 语句,也可以增删改操作,不过要调用相应的操作数据库方法
try {
    rs = conn. executeQuery(MySql); //执行上面的查询语句,所用的 executeQuery（）是上
        一节中我们定义的得到结果集的方法,返回的结果是 ResultSet 类型的。
%>
    <body bgcolor = "#FFFFFF" text = "#000000">
    <table border = "1" width = "98%" bordercolorlight = "#000000" bordercolordark =
        "#000000"cellspacing = "0" cellpadding = "0" align = "center"><tr class = "tr"
        align = "center">
    <td>号码</td>
```

```
        <td>姓名</td>
    </tr>
    <% while(rs.next()) { %>
    <tr>
        <td nowrap> <% = rs.getString("id")%></td>
        <td nowrap> <% = conn.convert(rs.getString("name"))%></td>
    </tr>
    <%};
    } catch(SQLException ex) {      //当出错时抛出异常
        out.println(ex.getMessage());//打印异常
    }
    finally {conn.close();
}
//关闭上面的连接。注意:每一次对数据库的操作结束后,都一定要关闭,否则会造成数据
库的崩溃。
%>
</table>
<p align = "center"><input type = "submit" value = "重新查询">  
</form>
</body>
</html>
```

启动 Tomcat,在浏览器中输入"http://127.0.0.1:8080/myapp/webapp/ TestDB7_1.jsp",程序运行结果如图 7-8 所示。

号码	姓名
1	张三
2	李四
3	王五

图7-8 JSP连接MySql方法的运行结果

综合实训七 数据库应用小实例

实例 12 JSP 数据分页显示

通过项目七部分的介绍,我们已经对 JSP 操作数据库有了大概的了解。下面我们再来了解一个在 JSP 中常用到的实例,就是对检索出来的数据进行分页显示。当数据量很大时,为了让用户能有一个好的查阅效果,我们有必要对它们进行分页显示。下面我们了解最基本的分页原理。程序 7.1(example7_1.jsp)源代码如下:

```
<%@ page contentType = "text/html;charset = gb2312" %>
<%
//变量声明
java.Sql.Connection    SQLCon;   //数据库连接对象
java.Sql.Statement SQLStmt; //SQL 语句对象
java.Sql.ResultSet SQLRst; //结果集对象
```

```
java.lang.String strCon; //数据库连接字符串
java.lang.String strSQL ; //SQL 语句
int intPageSize; //一页显示的记录数
int intRowCount; //记录总数
int intPageCount; //总页数
int intPage; //待显示页码
java.lang.String strPage;
int i;    //设置一页显示的记录数
intPageSize = 10;   //取得待显示页码
strPage = request.getParameter("page");
if(strPage == null) {//表明 QueryString 中没有 page 这一个参数,此时显示第一页数据
    intPage = 1;
}
else {//将字符串转换成整型
    intPage = java.lang.Integer.parseInt(strPage);
    if(intPage <1)
        intPage = 1;
    Class.forName("org.gjt.mm.MySql.Driver").newInstance();
    //设置数据库连接字符串
    strCon = "jdbc:MySql://localhost/examle?user = root&password = 1234";
    //连接数据库
    SQLCon = java.Sql.DriverManager .getConnection(strCon);
    //创建一个可以滚动的只读的 SQL 语句对象
    SQLStmt = SQLCon.createStatement(java.Sql.ResultSet.TYPE_SCROLL_ INSENSITIVE,
    java.Sql.ResultSet.CONCUR_READ_ONLY);   //准备 SQL 语句
    strSQL = "select*from biaotitable order by id desc";//执行 SQL 语句获取结果集
    SQLRst = SQLStmt.executeQuery(strSQL );   //获取记录总数
    SQLRst.last();
    intRowCount = SQLRst.getRow();   //计算总页数
    intPageCount = (intRowCount+intPageSize-1) / intPageSize; //调整待显示的页码
    if(intPage>intPageCount) intPage = intPageCount;
%>
<html>
<head>
<meta http-equiv = "Content-Type" content = "text/html; charset = gb2312">
<title>JSP 数据库操作例程 - 数据分页显示 </title>
<link href = "z_css/maincss.css" rel = "stylesheet" type = "text/css">
<script language = "JavaScript" type = "text/JavaScript">
<!--
function MM_jumpMenu(targ,selObj,restore) { //v3.0
eval(targ+".location = '"+selObj.options[selObj.selectedIndex].value+"'");
if(restore)
    selObj.selectedIndex = 0;
}
//-->
</script>
</head>
<body>
<table width = "13%" border = "0" align = "center" cellpadding = "0" cellspacing =
    "0">
<tr>
<td bgcolor = "#eeeeee"> <table width = "248" border = "0" align = "center"
    cellpadding = "0" cellspacing = "1">
<tr bgcolor = "#FFFFFF">
```

```
<th height = "20"> <font size = "2">栏目 ID </font> </th>
<th> <font size = "2">栏目类型 </font> </th>
</tr>
<%
if(intPageCount>0) {    //将记录指针定位到待显示页的第一条记录上
SQLRst.absolute((intPage-1) * intPageSize+1);
%>
<tr bgcolor = "#FFFFFF">
<td> <div align = "center"> <% = SQLRst.getString(1)%> </div> </td>
<td> <div align = "center"> <% = SQLRst.getString(2)%> </div> </td>
</tr>
<%
i = 1;
while(i <intPageSize && SQLRst.next()) {
    %>
    <tr bgcolor = "#FFFFFF">
    <td> <div align = "center"> <% = SQLRst.getString(1)%> </div> </td>
    <td> <div align = "center"> <% = SQLRst.getString(2)%> </div> </td>
    </tr>
    <%
    //SQLRst.next();
     i++;
    }
}
%>
</table> </td>
</tr>
</table>
<div align = "center">
<form name = "form1" method = "post" action = "">
<font size = "2">当前 <font color = red> <% = intPage%>/ <% = intPageCount%>
</font>页每页 <font color = red> <% = intPageSize %> </font>条 </font>
<%if(intPage>1) {
    if(intPage == 1) {
        %>
        <a href = "feng.jsp?page = <% = intPage-1%>">上一页 </a>
        <%
    }else {
        %>
        <a href = "feng.jsp?page = <% = 1%>">最前页 </a> <a href = "feng.jsp?page =
            <% = intPage-1%>">上一页 </a>
        <%
    }
} %>
<%if(intPage <intPageCount) {
    if(intPage == intPageCount) {
        %>
        <a href = "feng.jsp?page = <% = intPage+1%>">下一页 </a>
        <%
    }else {
        %>
        <a href = "feng.jsp?page = <% = intPage+1%>">下一页 </a> <a href =
            " feng.jsp?page = <% = intPageCount%>">最后页 </a>
        <%
    }
```

```
}%>
<select name = "menu1" onChange = "MM_jumpMenu('parent',this,0)">
<%
for(int ii = 1;ii < = intPageCount;ii++) {
    if(ii == intPage) {
        %>
        <option value = "feng.jsp?page = <% = ii%>" selected> <% = ii%> </option>
        <%
    }
    %> <option value = "feng.jsp?page = <% = ii%>" > <% = ii%> </option>
    <%
} %>
</select>
</form>
</div>
</body>
</html>
<%
    SQLRst.close();    //关闭结果集
    SQLStmt.close();   //关闭 SQL 语句对象
    SQLCon.close();    //关闭数据库
%>
```

启动 Tomcat，在浏览器中输入"http://127.0.0.1:8080/myapp/webapp/ example7_ 1. jsp"，程序运行结果如图 7-9 所示。

这是一个分页程序：

栏目ID	栏目类型
1	测试栏目1
2	测试栏目2
3	测试栏目3

当前1/1页 每页10条 到 1 页

图7-9 实例12的运行结果

实例 13 JSP 编写的留言本

（1）在 MySql 中建表。我们还是用 MySql 管理工具 SQL yog 来建这张表：把下面语句复制到右边的框中，选择 example 数据库，单击 F5 键来执行它。

```
create table guestbook(id int(8), lw_title varchar(100), lw_author varchar(100), lw_time date
lw_content varchar(1000), author_ip varchar(100), author_email varchar(100), click_num int)
```

（2）编写留言本。留言本的 guestbook.jsp 源代码如下：

```html
<html>
<head>
<META content = "text/html; charset = gb2312 " http-equiv = Content-Type>
<title>留言本</title>
</head>
<style type = "text/css">
<!--
BODY { FONT-FAMILY: "宋体","Arial Narrow", "Times New Roman"; FONT-SIZE: 9pt }
.p1 { FONT-FAMILY: "宋体", "Arial Narrow", "Times New Roman"; FONT-SIZ E: 12pt }
A:link { COLOR: #00793d; TEXT-DECORATION: none }
A:visited { TEXT-DECORATION: none }
A:hover { TEXT-DECORATION: underline}
TD { FONT-FAMILY: "宋体", "Arial Narrow", "Times New Roman"; FONT-SIZE: 9pt }
.p2 { FONT-FAMILY: "宋体", "Arial Narrow", "Times New Roman"; FONT-SIZE: 9pt;
    LINE-HEIGHT: 150% }
.p3 { FONT-FAMILY: "宋体", "Arial Narrow", "Times New Roman"; FONT-SIZE: 9pt;
    LINE-HEIGHT: 120% }
-->
</style>
<body>
```
```jsp
<%@ page contentType = "text/html; charset = GB2312" %>
<%@ page language = "java" import = "java.Sql.*" %>
<!—这里的数据库连接是在 7.2.1 节"对 MySql 数据库最基本的 DB 操作"—>
<jsp:useBean id = "testInq" scope = "page" class = "example7.IpConn"/>
<%
//这里是分页开始
int pages = 1;
int pagesize = 10;   //设置一页显示的记录数
int count = 0;
int totalpages = 0;   //共有多少页
//定义一些常用变量
String countSql = "",inqSql = "",lwhere = "",insertSql = "",st = "", w_content = "";
String lw_title = "",lw_author = "",pagetitle = "",author_http = "",author_email = "", lw_ico = "", lw_content = "",lw_class1 = "";
String author_ip = "",lw_time = "",lw_class2 = "",lw_type = "",zt_time = "",zt_author = "";
int answer_num = 0,click_num = 0;
int inquire_item = 1;
String inquire_itemt = "",inquire_value = "";
String lurlt = "<a href = guestbook.jsp?",llink = "";
lwhere = " where lw_type = 'z' ";  //只显示主贴
/*
Enumeration e = request.getParameterNames();
while(e.hasMoreElements()) {
    String name = (String) e.nextElement();
*/
    try {
        pages = new Integer(request.getParameter("pages")).intValue(); //取显示的页序数
    } catch(Exception e) {}
    try {
        inquire_item = new Integer(request.getParameter("range")).intValue(); //取查询参数
        //字符集转换 GBK 转为 ISO8859
        inquire_value = new String(request.getParameter("findstr").getBytes("ISO8859_1"));
        if(inquire_item == 0) inquire_itemt = "lw_title";
        else if(inquire_item == 1) inquire_itemt = "lw_content";
```

```
        else if(inquire_item == 2) inquire_itemt = "lw_author";
        else if(inquire_item == 3) inquire_itemt = "lw_time";
        else if(inquire_item == 4) inquire_itemt = "lw_title";
        lwhere = lwhere+" and "+inquire_itemt+" like '%"+inquire_value+"%'";
        lurlt = lurlt+"range = "+inquire_item+"&findstr = "+inquire_value+"&";
    } catch(Exception e) {}
    try {
        //取得参数 留言内容开始
        lw_class1 = new String(request.getParameter("gbname").getBytes("ISO8859_1"));
        lw_title = new String(request.getParameter("lw_title").getBytes("ISO8859_1"));
        lw_author = new String(request.getParameter("lw_author").getBytes("ISO8859_1"));
        pagetitle = new String(request.getParameter("pagetitle").getBytes("ISO8859_1"));
        author_http = new String(request.getParameter("author_http").getBytes("ISO8859_1
            "));
        author_email = new String(request.getParameter("author_email").getBytes("ISO8859
            _1"));
        lw_ico = request.getParameter("gifface");
        lw_content = new String(request.getParameter("lw_content").getBytes("ISO8859_1"));
        String requestMethod = request.getMethod();
        requestMethod = requestMethod.toUpperCase();
        if(requestMethod.indexOf("POST")<0) {
            out.print("非法操作!");
            return;
        }
        //形成其他数据项
        author_ip = request.getRemoteAddr() ;
        lw_time = testInq.dateToString(new java.util.Date(),"yyyy-mm-dd");
        lw_class2 = "2";
        lw_type = ""+"z"; //主贴
        zt_time = lw_time;
        zt_author = lw_author;
        answer_num = 0;
        click_num = 0;
        st = "','";
        //保证留言所有数据项的长度在正常范围内
        if(lw_title.length()>50) lw_title = lw_title.substring(0,50);
        if(lw_author.length()>20) lw_author = lw_author.substring(0,20);
        if(author_http.length()>40) author_http = author_http.substring(0,40);
        if(author_email.length()>50) author_email = author_email.substring(0,40);
        if(lw_content.length()>4000) lw_content = lw_content.substring(0,4000);
            insertSql = "insert into guestbook values('"+lw_title+st+lw_author+st+author_
            http +st+author_email+st+lw_ico+st+lw_time+"',"+answer_num+","+click_num
            +",'"+a uthor_ip+st+lw_class1+st+lw_class2+st+lw_type+st+zt_time+st+zt_author
            +st+w_c ontent+"')";
        //out.print(insertSql);
        //插入留言
        try {
            testInq.executeUpdate(insertSql);
            out.print("lmsg = executeUpdate ok");
        }catch(Exception e) { out.print("错误:"+e);}
    } catch(Exception e) {}
%>
<%
    //验证留言输入项合法性的JavaScript
    String ljs = " <SCRIPT language = JavaScript> \n"+ " <!-- \n"+" function
    ValidInput() \n"+" {if(document.sign.lw_author.value == \"\") \n"+ " {alert(\"请填
```

写您的大名。\"); \n"+ " document.sign.lw_author.focus();\n"+ " return false;} \n"+"
if(document.sign.lw_title.value == \"\") \n"+ " {alert(\"请填写留言主题。\"); \n"+ "
document.sign.lw_title.focus(); \n"+ " return false;} \n"+"if(document.sign.author_
email.value! = \"\")\n"+"{if((document.sign.author_email.value.indexOf(\"@\")<0)//
(document.sign.author_email.value.indexOf(\":\")! = -1)) \n"+ " {alert(\"您填写的
Email 无效，请填写一个有效的 Email!\"), \n"+ " document.sign.author_emaiIl.
focus(); \n"+ " return false; \n"+ " } \n"+ " } \n"+ " return true; \n"+" } \n"+ "
function ValidSearch() \n"+ " { if(document.frmsearch.findstr.value == \"\") \n"+
"{alert(\"不能搜索空串！\"); \n"+ " document.frmsearch.findstr.focus(); \n"+
" return false;} \n"+" } \n"+ " //--> \n"+ " </SCRIPT> ";
out.print(ljs);
%>
<%
//留言板界面首部
String ltop = " <DIV align = center>\n"+"<CENTER>\n"+" <FORM action =
    guestbook.jsp method = post name = frmsearch> \n"+ " <INPUT name =
    gbname type = hidden value = cnzjj_gt> \n"+" <TABLE align = center
    border = 0 cellSpacing = 1 width = \"95%\"> \n"+" <TBODY> \n"+ "<TR>
    \n"+"<TD bgColor = #336699 colSpan = 2 width = \"100%\"> \n"+"<P
    align = center><FONT color = #ffffff face = 楷体_GB2312 \n"+ "size = 5>
    欢迎远方的朋友来张家界旅游观光</FONT></P></TD></TR> \n" +" <TR
    bgColor = #6699cc> \n"+"<TD align = left noWrap width = \"50%\">主页:
    <A \n"+" href = \"http://www.zj.hn.cn\" target = _blank><FONT \n"+" color
    = #ffffff>张家界旅游</FONT></A>管理员:<A\n" +" href = \"mailto:dzx@
    mail.zj.hn.cninfo.net\"><FONT color = #ffffff>一民</FONT></A> \n"+">
    <A\n"+"href = \"http://www.zj.hn.cn\"><FONT\n"+"color = #ffffff>管理</FON
    T></A>>><A\n"+"href = \"http://www.zj.hn.cn\"><FONT\n"+"color = #ffffff>
    申请</FONT></A> </TD> \n"+"<TD align = right width = \"50%\">
    <SELECT class = ourfont name = range size = 1>\n"+"<OPTION
    selected value = 0>按主题</OPTION><OPTION value = 1>按内容
    </OPTION> \n"+"<OPTION value = 2>按作者</OPTION><OPTION value
    = 3>按日期</OPTI ON> <OPTION\n"+"value = 4>按主题&内容
    </OPTION></SELECT> <INPUT name = findst r> <INPUT name =
    search onclick = \"return ValidSearch()\" type = submit value = \"搜 索\">
    \n"+" </TD></TR></TBODY></TABLE></FORM> \n"+ " <HR align =
    center noShade SIZE = 1 width = \"95%\"> \n"+" </CENTER></div> ";
out.print(ltop);
%>
<%
//显示最近时间发表的一页留言
countSql = "select count(lw_title) from guestbook "+lwhere;
inqSql = "select lw_title,answer_num,click_num,lw_author,lw_time,expres sion,"+"
    author_email,lw_class1,lw_class2 from guestbook "+lwhere+" order by
    lw_time desc" ;
if(pages>0) {
    try {
        try {
            ResultSet rcount = testInq.executeQuery(countSql);
            if(rcount.next()) {
                count = rcount.getInt(1);
            }
            rcount.close();
        }catch(Exception el1) {out.println("count record error:"+el1+"<br>");
        out.println(countSql);

```java
        }
        totalpages = (int)(count/pagesize);
        if(count>totalpages*pagesize) totalpages++;
        st = ""+"<TABLE align = center border = 0 cellPadding = 0
            cellSpacing = 0 width = \"95%\">"+"<TBODY> <TR> <TD align =
            middle bgColor = #97badd width = \"100%\"><FONT color =
            #ff0000>"+"共"+totalpages+"页,"+count+"条."+"当前页:"+pages+"
            </FONT></TD></TR></TBODY></TABLE><BR> ";
        out.print(st);
        //out.print("共"+totalpages+"页,"+count+"条."+"当前页:"+pages+"<br>");
        st = "<center>"+"<TABLE border = 0 cellPadding = 2 cellSpacing = 1
            width = \"95%\">"+"<TBODY>"+"<TR>"+"<TD align = middle
            bgColor = #6699cc width = \"55%\"><FONT"+"color = #ffffff>留言
            主题</FONT></TD>"+"<TD align = middle bgColor = #6699cc
            width = 50><FONT"+"color = #ffffff>回应数</FONT></TD>"+"<TD
            align = middle bgColor = #6699cc width = 40><FONT"+"color = #
            ffffff>点击数</FONT></TD>"+" <TD align = middle bgColor = #66
            99cc width = 100><FONT"+"color = #ffffff>作者名</FONT></TD>"
            +"<TD align = middle bgColor = #6699cc width = 140><FONT"+"
            color = #ffffff>发表/回应时间</FONT></TD></TR>";
        out.print(st);
        if(count > 0 ) {
            ResultSet rs = testInq.executeQuery(inqSql);
            ResultSetMetaData metaData = rs.getMetaData();
            int i;
            // 跳过 pages -1 页,使 cursor 指向 pages 并准备显示
            for(i = 1;i< = (pages - 1)*pagesize;i++) rs.next();
            //显示第 pages 页开始
            String linestr = "";
            for(i = 1;i< = pagesize;i++)
            if(rs.next())
            {
                lw_title = rs.getString("lw_title");
                answer_num = rs.getInt("answer_num");
                click_num = rs.getInt("click_num");
                lw_author = rs.getString("lw_author");
                lw_time = rs.getString("lw_time");
        st = lw_time.substring(0,4)+"-"+lw_time.substring(4,6)+"-"+
            lw_time.substring(6,8)+":"+lw_time.substring(8,10)+":"+
            lw_time.substring(10,12)+":"+lw_time.substring(12,14);
        lw_ico = rs.getString("expression");
        author_email = rs.getString("author_email");
        lw_class1 = rs.getString("lw_class1");
        lw_class2 = rs.getString("lw_class2");
        llink = "reply.jsp?lw_class1 = "+lw_class1+"&lw_class2 = "+lw_class2+
            "&zt_time = "+lw_time+"&zt_author = "+author_email;
        linestr = "<TR bgColor = #d5e8fd>\n" +"<TD bgColor = #d5e8fd>
            <IMG src = \""+lw_ico+".gif\"><A"+"href = \""+llink+"\">"+
            lw_title+"</A></TD>"+"<TD align = middle>["+answer_num+"]
            </TD>"+"<TD align = middle>"+click_num+"</TD>"+"<TD align =
            middle><A href = \"mailto:"+author_email+"\">"+lw_author+"</A>
            </TD>"+"<TD align = middle>"+st+"</TD></TR>";
        out.println(linestr);
    }
    rs.close();
```

```
                //显示第 pages 页结束
                st = "</TBODY></TABLE><BR>";
                out.print(st);
                int iFirst = 1,iLast = totalpages,iPre,iNext;
                if(pages< = 1) iPre = 1;
                else iPre = pages - 1;
                if(pages> = totalpages) iNext = totalpages;
                else iNext = pages + 1;
                int n = (int)(count/pagesize);
                if(n*pagesize<count) n++;
                if(n>1) {
                    //for(i = 1;i< = n;i++) out.print("<a href = inquire.jsp?pages = "+i+">"+i
                        +" </a>");
                    //out.print("<HR align = center noShade SIZE = 1 width = \"95%\">");
                    String lt1 = "返回主页",lt2 = "第一页",lt3 = "上一页",lt4 = "
                        下一页",lt5 = "最后一页",lt6 = "";
                    lt6 = "<a href = http://www.zj.hn.cn>"+lt1+"</a>"+lurlt + "pages = "+
                    iFirst+"><FONT color = red>"+lt2+" </a>"+lurlt+"pages = "+
                    iPre+"<FONT color = red>"+lt3+"</a>"+lurlt+"pages = "+iNext+">
                    <FONT color = red>"+lt4+";</a>"+lurlt+" pages = "+iLast+">
                    <FONT color = red>"+lt5+";</a>";st = ""+"<TABLE align = center
                    border = 0 cellPadding = 0 cellSpacing = 0 width = \"95%\">"+"<
                    TBODY><TR><TD align = middle bgColor = #97badd width = \"
                    100%\"><FONT color = #ff0000>"+lt6+" </FONT></TD></TR>
                    </TBODY></TABLE><BR> ";
                    out.print(st);
                }
            }
        } catch(Exception e) { out.println("error: "+e); }
    }
%>
<%
//留言板界面尾部 --开始
String lbottom = "";
lbottom = lbottom+"\n"+"<FORM action = guestbook.jsp method = post name = sign>\n"+"
    <INPUT name = gbname type = hidden value = cnzjj_gt>\n"+"<INPUT name =
    pages type = hidden value = 1> \n"+" <TABLE bgColor = #d5e8fd border = 0
    cellSpacing = 1 width = \"95%\"> \n"+"<TBODY> \n"+" <TR> \n"+" <TD align =
    middle bgColor = #e6e6fa colSpan = 2 noWrap><STRONG><FONT color = blue \n"+
    "face = 楷体_GB2312 size = 5>发 表 意 见</FONT></STRONG>   [加*的内
    容必须填写] </TD></TR> \n"+"<TR>\n"+"<TD noWrap width = \"45%\">\n"+"<DIV
    align = left\n"+"<TABLE bgColor = #d5e8fd border = 0 cellSpacing = 1 width = \"
    100%\">\n"+" <TBODY>\n"+" <TR>\n"+"<TD noWrap width = \"100%\">*留言主
    题: <INPUT maxLength = 40 name = lw_title\n"+"size = 36></TD></TR>\n"+"<TR>\
    n"+"<TD noWrap width = \"100%\">*网上大名: <INPUT maxLength = 18 name
    = lw_author\n"+"size = 36></TD></TR>\n"+"<TR> \n"+"<TD noWrap width = \"100
    %\"> 主页标题: <INPUT maxLength = 40 name = pagetitle \n"+"size = 36></TD><
    /TR>\n"+"<TR>\n"+"<TD noWrap width = \"100%\">主页地址: <INPUT maxLength =
    255 name = author_http\n"+" size = 36></TD></TR>\n"+" <TR>\n"+"<TD noWrap
    width = \"100%\">*电子邮件: <INPUT maxLength = 40 name = author_email\n"+"
    size = 36></TD></TR></TBODY></TABLE></DIV></TD>\n"+"<TD noWrap vAlign =
    top width = \"55%\">\n"+"<DIV align = left\n"+"<TABLE bgColor = #b6d7fc
    border = 0 cellSpacing = 1 width = \"100%\">\n"+" <TBODY> \n"+" <TR> \n"+"
    <TD width = \"100%\">请在下面填写你的留言: </TD></TR>\n"+"<TR>\n"+"<TD
    width = \"100%\"><TEXTAREA cols = 50 name = lw_content rows = 7>
```

```
</TEXTAREA></TD></TR></TBODY></TABLE></DIV></TD>    </TR>\n"+"<TR>\n"+"
<TD bgColor = #fbf7ea colSpan = 2 noWrap>表情\n"+"<INPUT name = gifface type
= radio value = 1 checked><IMG\n"+"alt = \"1.gif(152 bytes)\"height = 15   src = \"1.
gif\" width = 15><INPUT \n"+"name = gifface type = radio value = 2><IMG alt = \"
2.gif(174  bytes)\"height = 15\n"+"src = \"2.gif\" width = 15><INPUT name =
gifface type = radio value = 3><IMG \n"+"alt = \"3.gif(147 bytes)\" height = 15 src
= \"3.gif\" width = 15><INPUT\n"+"name = gifface type = radio value = 4><IMG alt
= \"4.gif(172 bytes)\"height = 15\n"+"src = \"4.gif\" width = 15> <INPUT name = gif
face type = radio value = 5><IMG\n"+"alt = \"5.gif(118 bytes)\" height = 15   src = \
"5.gif\" width = 15><INPUT \n"+"name = gifface type = radio value = 6><IMG alt =
 \"6.gif(180 bytes)\"height = 15\n"+"src = \"6.gif\" width = 15><INPUT name =
gifface type = radio value = 7><IMG \n"+"alt = \"7.gif(180 bytes)\" height = 15
src = \"7.gif\" width = 15><INPUT\n"+"name = gifface  type = radio value = 8>
<IMG alt = \"8.gif(96 bytes)\"height = 15\n"+"src = \"8.gif\" width = 15> <INPUT
name = gifface type = radio value = 9><IMG\n"+"alt = \"9.gif(162 bytes)\"  height =
 15   src = \"9.gif\"  width = 15><INPUT\n"+"name = gifface type = radio value =
10><IMG alt = \"10.gif(113 bytes) height = 15"+" src = \"10.gif\" width = 15>
<INPUT name = gifface type = radio value = 11><IMG \n"+"alt = \"11.gif(93 bytes)\
" height = 15 src = \"11.gif\" width = 15>< INPUT \n"+"name = gifface type =
radio value = 12><IMG alt = \"12.gif(149 bytes)\" height = 14 \n"+"src = \"12.gif\"
width = 15> \n"+"<INPUT\n"+" name = gifface type = radio value = 13><IMG alt =
 \"13.gif(149 bytes)\" height = 14\n"+" src = \"14.gif\" width = 15>\n"+" <INPUT\n"+
" name = gifface type = radio value = 15> <IMG alt = \"15.gif(149 bytes)\" height =
 14 \n"+"src = \"15.gif\" width = 15>\n"+" <INPUT\n"+"name = gifface type = radio
value = 16><IMG alt = \"16.gif(149 bytes)\" height = 14\n"+" src = \"16.gif\" width
= 15></TD>\n"+"</TR>\n"+"<TR>\n"+"<TD align = middle colSpan = 2 noWrap>
<INPUT name = cmdGO onclick = \"return ValidInput()\" type = submit value = \"提
  交\"> \n"+"<INPUT name = cmdPrev onclick = \"return ValidInput()\" type = submit
  value = \"预 览\"> \n"+  "<INPUT name = cmdCancel type = reset value = \"重 写
  \"><INPUT name = cmdBack onclick = javascript:history.go(-1) type = button value =
  \"返回\">\n"+" </TD></TR></TBODY></TABLE></FORM></CENTER></DIV> ";
out.print(lbottom);
%>
</body></html>
```

代码写完后,把 guestbook.jsp 文件放到 myapp 目录下,重启 Tomcat 就可以运行。结果如图 7-10 所示。

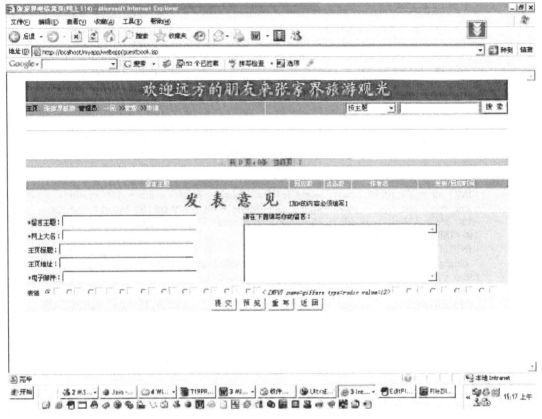

图7-10 实例13的运行结果

注意：要保证<jsp:useBean id="testInq" scope="page" class=" example7. IpConn " /> 中引用的类 IpConn.java 在相应的目录下。

项目小结

项目七中我们通过实例运用 JDBC 的强大功能来操作数据库，处理我们的业务。我们学习了如何使用 MySql 数据库；如何使用 MySql 管理工具：MySql 管理工具 SQLyog；最后通过使用操作数据库的最基本的类来实现 2 个小的应用：分页程序和留言本程序。这只是刚开始，希望读者多思考、多动手把 JDBC 弄明白。

第三部分　实战演练篇

项目八　汽车租赁系统案例精讲

项目情境

项目八将介绍一个实际应用的例子，这个系统是一个汽车租赁系统，该系统有登录模块、公共模块、用户管理模块、客户管理模块、汽车管理模块、业务管理模块和业务统计模块。这里重点介绍用户管理模块、客户管理模块和汽车管理模块。

学习目标

- 汽车租赁系统的系统分析方法。
- 汽车租赁系统的数据库设计方法。
- 汽车租赁系统的编程方法。
- 了解汽车租赁系统的测试与维护方法。
- 了解一般软件项目的开发流程。

任务25　需求分析

任务情境

在正式进行该系统的开发前，本项目先整体介绍系统需求分析，具体包括该系统的任务概述、开发环境和使用技术、数据库设计。

相关知识

1. 任务概述

该系统应能对汽车信息进行入库录入、租赁登记、租赁状态查询、过期提示、入库检查等操作。该系统定位为在主流计算机操作系统中能够直接运行的 B/S 结构的汽车租赁信息管理系统。

2. 开发环境和使用技术

使用的操作系统是 Windows 系列操作系统，开发工具是 MyEclipse5.5，开发过程使用的服务器是 Tomcat6.0 服务器，数据库是 MySql5.1。

页面使用 JSP 技术，页面取值采用 JSTL 标签和 EL 表达式结合，控制层采用 Servlet，数据持久层采用 JDBC 技术。同时，采用了过滤器对一些操作或者数据进行过滤。

3. 数据库设计

用户表 users 的信息如表 8-1 所示，本例使用的是 MySql 数据库。

表 8-1 用户表 users 的信息

信息条目	表列名	类型	长度	是否为空	主键
编号	id	int	10	NOT NULL AUTO_INCREMENT	是
用户名	username	varchar	22	NOT NULL	否
身份证	identity	varchar	64	NOT NULL	否
姓名	fullname	varchar	32	DEFAULT NULL	否
性别	sex	integer	2	DEFAULT NULL	否
地址	address	varchar	512	DEFAULT NULL	否
联系电话	phone	varchar	64	DEFAULT NULL	否
职位	position	varchar	32	DEFAULT NULL	否
用户类型	userlevel	varchar	22	NOT NULL	否
密码	password	varchar	64	NOT NULL	否

创建数据库表 users 的代码如下：

```
CREATE TABLE users(
    password varchar(64) NOT NULL,
    userlevel varchar(22) NOT NULL,
    position varchar(32) DEFAULT NULL,
    phone varchar(64) DEFAULT NULL,
    address varchar(512) DEFAULT NULL,
    sex decimal(2,0) DEFAULT NULL,
    fullname varchar(32) DEFAULT NULL,
    identity varchar(64) NOT NULL,
    username varchar(64) NOT NULL,
    id int(10) NOT NULL AUTO_INCREMENT,
```

```
    PRIMARY KEY(id)
) ENGINE = InnoDB AUTO_INCREMENT = 12 DEFAULT CHARSET = gb2312;
```

汽车信息表 cars 的信息如表 8-2 所示。

表 8-2 汽车信息表 cars 的信息

信息条目	表列名	类型	长度	是否为空	主键
编号	id	int	10	NOT NULL AUTO_INCREMENT	是
车号	carnumber	varchar	32	NOT NULL	否
型号	cartype	varchar	32	NOT NULL	否
颜色	color	varchar	12	DEFAULT NULL	否
价值	price	double	10	DEFAULT NULL	否
租金	rentprice	double	10	DEFAULT NULL	否
押金	deposit	double	10	DEFAULT NULL	否
租用情况	isrenting	int	10	DEFAULT NULL	否
简介	description	varchar	512	DEFAULT NULL	否

创建数据库表 cars 的代码如下：

```
CREATE TABLE cars(
    description varchar(512) DEFAULT NULL,
    isrenting int(10) DEFAULT NULL,
    deposit double(10,0) DEFAULT NULL,
    rentprice double(10,0) DEFAULT NULL,
    price double(10,0) DEFAULT NULL,
    color varchar(12) DEFAULT NULL,
    cartype varchar(32) NOT NULL,
    carnumber varchar(32) NOT NULL,
    id int(12) NOT NULL AUTO_INCREMENT,
    PRIMARY KEY(id)
) ENGINE = InnoDB AUTO_INCREMENT = 10 DEFAULT CHARSET = gb2312;
```

客户信息表 customers 的信息如表 8-3 所示。

表 8-3 客户信息表 customers 的信息

信息条目	表列名	类型	长度	是否为空	主键
编号	id	int	10	NOT NULL AUTO_INCREMENT	是
身份证	identity	varchar	64	NOT NULL	否
姓名	custname	varchar	64	NOT NULL	否
性别	sex	int	10	DEFAULT NULL	否
地址	address	varchar	512	NOT NULL	否
电话	phone	varchar	64	NOT NULL	否
职业	career	varchar	32	DEFAULT NULL	否
密码	password	archar	32	DEFAULT NULL	否

创建数据库表 customers 的代码如下:

```
CREATE TABLE customers(
password varchar(32) DEFAULT NULL,
career varchar(32) DEFAULT NULL,
phone varchar(64) DEFAULT NULL,
    address varchar(512) NOT NULL,
    custname varchar(64) NOT NULL,
    sex int(10) DEFAULT NULL,
    identity varchar(64) NOT NULL,
    id int(10) NOT NULL AUTO_INCREMENT,
    PRIMARY KEY(id)
) ENGINE = InnoDB AUTO_INCREMENT = 9 DEFAULT CHARSET = gb2312;
```

出租单信息表 renttable 的信息如表 8-4 所示。

表 8-4 出租单信息表 renttable 的信息

信息条目	表列名	类型	长度	是否为空	主键
编号	id	int	10	NOT NULL AUTO_INCREMENT	是
出租单编号	tableid	varchar	64	NOT NULL	否
预付金	imprest	double	10	NOT NULL	否
应付金	shouldpayprice	double	10	NOT NULL	否

信息条目	表列名	类型	长度	是否为空	主键
实际交付金额	price	double	10	NOT NULL	否
起租日期	begindate	date		DEFAULT NULL	否
应归还日期	shouldreturndate	date		DEFAULT NULL	否
归还日期	returndate	date		DEFAULT NULL	否
出租单状态	rentflag	int	10	DEFAULT NULL	否
客户号	cusrid	int	10	NOT NULL	否
车号	carsid	int	10	NOT NULL	否
服务人员编号	userid	int	10	NOT NULL	否

创建数据库表 renttable 的代码如下：

```
CREATE TABLE renttable(
    rerumdate date DEFAULT NULL,
    cusrid int(10) NOT NULL,
    carsid int(10) NOT NULL,
    userid int(10) NOT NULL,
    rentflag int(10) DEFAULT NULL,
    begindate date DEFAULT NULL,
    shouldretutrndate date DEFAULT NULL,
    price double(10,0) NOT NULL,
    shouldpayprice double(10,0) NOT NULL,
    imprest double(10,0) NOT NULL,
    tableid varchar(64) NOT NULL,
    id int(10) NOT NULL AUTO_INCREMENT,
    PRIMARY KEY(id),
    KEY userid(userid),
    KEY carsid(carsid),
    KEY cusrid(cusrid),
    CONSTRAINT tenttable_ibfk_1 FOREIGN KEY(carsid) REFERENCES cars(id),
```

检查单信息表 checktable 的信息如表 8-5 所示。

表 8-5　检查单信息表 checktable 的信息

信息条目	表列名	类型	长度	是否为空	主键
编号	id	int	10	NOT NULL AUTO_INCREMENT	是
检查单号	checkid	int	32	NOT NULL	否

信息条目	表列名	类型	长度	是否为空	主键
检查时间	checkdate	date		DEFAULT NULL	否
属性	field	varchar	12	DEFAULT NULL	否
问题	problem	varchar	50	DEFAULT NULL	否
赔费	paying	double	10	DEFAULT NULL	否
检查员	checkuserid	int	10	NOT NULL	否
出租单编号	rentid	int	10	NOT NULL	否

创建数据库表 checktable 的代码如下：

```
CREATE TABLE checkdate(
    rentid int(10) NOT NULL,
    checkuserid int(10) NOT NULL,
    paying double(10,0) DEFAULT NULL,
    problem varchar(50) DEFAULT NULL,
    field varchar(12) DEFAULT NULL,
    checkdate date DEFAULT NULL,
    checkid int(32) NOT NULL,
    id int(10) NOT NULL AUTO_INCREMENT,
    PRIMARY KEY(id),
    KEY checkuserid(checkuserid),
    KEY rentid(rentid),
    CONSTRAINT checkuserid FOREIGN KEY(checkuserid) REFERENCES users(id),
    CONSTRAINT rentid FOREIGN KEY(rentid) REFERENCES renttable(id),
) ENGINE = InnoDB DEFAULT CHARSET = gb2312;
```

任务26 登录模块

任务情境

登录模块需要判断用户类型，同时为了防止未登录非法访问，采用了过滤器。其中，登录的访问路径为 http://localhost:8080/auto_lease/login/login.jsp。

相关知识

1. 服务人员登录

若没查到，到用户表中查找，如果存在判断标志位，假如是服务人员，则进入服务人员的显示页面，可以对该公司信息进行 CRUD 的操作。

2. 管理员登录

若没查到,到用户表中查找,如果存在判断标志位,假如是公司的管理员,则进入该管理员的显示页面,可以对该公司信息进行 CRUD 的操作。

3.非法访问

在 Servlet 中每次登录成功,会把用户名设置到 session 中,过滤器取得用户名的 session,判断是否为空,如果为空,证明该用户没有登录,防止用户通过地址栏非法访问。登录成功以后,打开如图 8-1 所示的主页面。

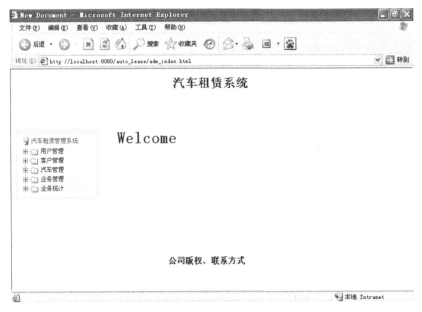

图8-1 登录后的主页面

任务27 公共模块

任务情境

在项目中有一些所有模块都要用到的类,为了方便开发,把这些都用到的类独立出来,便于调用和节省代码量。在编写公共模块之前,需要把项目搭建好。在 MyEclipse 中新建一个 Web 工程,工程名为 auto_lease,把连接 MySql 数据库的 jar 包 MySql-connector-java-3.1.12-bin.jar 复制到该工程的 WebRoot/WEB-INT/lib 目录下。然后把 JSTL 标签用到的 jar 包 jst1.jar 和 standard.jar 复制到 WebRoot/WEB-INF/lib 目录下。

相关知识

1. 数据库连接

在连接数据库的类中,需要创建数据库驱动和连接到数据库模式,然后还要编写一个关闭连接的方法。数据库连接类 JDBC_Connection 的源代码如下:

```java
package com.cn.jdbc;
public class JDBC_Connection {
    static String drivername = "com.MySql.jdbc.Driver";//MySql 数据库驱动
    static String url = "jdbc:MySql://localhost:3306/car";//连接的数据库地址
    static String username = "root";//连接数据库用户名
    static String password = "root";//连接数据库密码
    //创建驱动的静态代码块
    static {
        try {
            Class.forName(drivername);//创建驱动
            System.out.println("创建驱动成功!");
        )catch(ClassNotFoundException e) {
        System.out.println("创建驱动失败!请检查驱动!");
        e.printStackTrace( );
        }
    }
    /**
    * 连接数据库的方法
    *@return
    * /
    public static Connection getConnection( ) {
        Connection conn = null;
        try {
            conn = (Connection) DriverManage.getConnection(url,username,password);
            //创建连接
            System.out.println("连接数据库成功! ");
        }catch(SQLException e) {
            System.out.println("连接数据库失败!请检查 url、username 或者 password");
            e.printStackTrace();
        }
        return conn;
    }
    /**
    * 该方法用于关闭结果集、连接和 Statement 对象
    * @param rs
    * @param conn
    * @param stmt
    */
    public static void free(ResultSet rs,Connection conn,Statement stmt) {
        try {
            if(rs! = null)
                rs.close();//关闭结果集
        } catch(SQLException e) {
            System.out.println("关闭 ResultSet 失败!");
            e.printStackTrace( );
        } finally {
            try {
```

```
                    if(conn != null)
                        conn.close( );//关闭连接
                } catch(SQLException e) {
                    System.out.println("关闭 Connection 失败! ");
                    e.printStackTrace( );
                } finally
                try {
                    if(stmt != null)
                        stmt.close( );//关闭 Statement 对象
                    }catch(SQLException e)
                    System.out.println("关闭 Statement 失败! ");
                    e.printStackTrace( );
                    }
                }
            }
        }
    Public static void main(String[ ] args) {
    //调用该类的 getConnection 方法,测试连接是否成功
    JDBC_Connection.getConnection();
    }
}
```

2. 中文乱码过滤器

为了防止页面和数据库中的数据出现中文乱码，需要编写一个过滤器，过滤器编写好以后还需要把过滤器配置到 WebRoot/WEB-INF/web.xml 中。过滤器 Zh_Filter 的源代码如下：

```
package com.cn.filter;
public class Zh_Filter implements Filter {
    public void destroy() {
        //TODO Auto-generated method stub
    }
    public void doFilter(ServletRequest request,ServletResponse response,FilterChain chain)
        throws IOException,ServletException {
            //将所有 Request 内的对象设置字符集为 gb2312
            Request.setCharacterEncoding("gb2312");
            //将所有 Response 内的对象设置字符集为 gb2312
            Response.setCharacterEncoding("gb2312");
            //用 chain 的 doFilter 处理过滤
            chain.doFilter(request,response);
    }
    public void init(FilterConfig arg0) throws ServletException {
        //TODO Auto-generated method stub
    }
}
```

任务28 用户管理模块

任务情境

在如图 8-1 所示的页面中展开用户管理,进入用户管理模块操作,这一节详细介绍用户管理模块的实现过程和代码的编写,用户管理模块所有的类都在 com.cn.user 包下。

相关知识

用户管理模块都要用到用户实体类 UsersVo。UsersVo 类中的变量如下:

```
package com.cn.users;
public class UsersVo {
    private int id;                   //编号
    private String username;          //登录名
    private String identity;          //身份证
    private String fullname;          //姓名
    private int sex;                  //性别
    private String address;           //地址
    private String phone;             //联系电话
    private String position;          //职位
    private String userlevel;         //用户类型
    private String password;          //用户密码
    //这里省略了 setter 和 getter 方法
}
```

1. 添加用户

添加用户的步骤是在页面中添加数据,然后把数据传递到添加用户的 Servlet,由 Servlet 调用实体类中的方法把数据添加到数据库中,添加用户需要用到的文件如下:

- addUser.jsp:添加用户的页面。
- ddUsers.java:添加用户的实体类。
- ddUserServlet.java:添加用户的 Servlet。

由于在数据库表 users 中有一些数据不能为空,所以在 addUser.jsp 页面需要判断一些属性不能为空,这样就不会把空值传递到数据库中。addUser.jsp 页面源代码如下:

```
<%@ page language = "java"import = "java.util.* "pageEncoding = "gb2312"%>
<!DOCTYPE HTML PUBLIC "-//W3C//DTD HTML 4.01 Transitional//EN">
<html>
<head>
<title>My JSP"addUser.jsp"starting page</title>
<scipt type = "text/javascript">
function check() {
        if(document.getElementById("username").value.length == 0) {
                document.getElementById("username1").innerHTML = "身份证不能为
                    空! "; return false;
```

```
            }else if(document.getElementById("identity").value.length == 0) {
                document.getElementById("identity1").innerHTML = "姓名不能为空! ";return false;
            }else if(document.getElementById("userlevel").value.length == 0) {
                document.getElementById("userlevel1").innerHTML = "用户类型不能为空! ";
                return false;
            }else if(document.getElementById("password").value.length == 0) {
                document.getElementById("password1").innerHTML = "用户密码不能为空! ";return
                false;
            }
            else {
                return true;
            }
        }
    </script>
    </head>
    <body>
    <form name = "form" action = "/auto_lease/AddUserServlet" method = "POST" onsubmit =
        "returncheck(); ">
    <TABLE align = "center">
    <TR>
    <TD>登录名：</TD>
        <TD><input name = "username" id = "username"/><span id = "username1"></span>
        </TD>
    </TR>
    <TR>
        <TD>身份证：</TD>
        <TD><input name = "identity" id = " identity"/><span id = "identity1"></span></TD>
    </TR>
    <TR>
    <TD>姓名：</TD>
        <TD><input name = "fullname"/></TD>
    </TR>
    <TR>
    <TD>性别：</TD>
        <TD>
            <SELECT NAME = "sex" id = "sex">
                <option value = "1">男</option>
                <option value = "0">女</option>
            </SELECT>
        </TD>
    </TR>
    <TR>
        <TD>地址：</TD>
        <TD><input name = "address"/></TD>
    </TR>
    <TR>
    <TD>联系电话：</TD>
        <TD><input name = "phone"/></TD>
    </TR>
    <TR>
    <TD>职位：</TD>
        <TD><input name = "position"/></TD>
    </TR>
    <TR>
    <TD>用户类型：</TD>
```

```html
    <TD>
        <SELECT id = "role" name = "userlevel">
            <option>请选择</option>
            <option value = "admin">管理员</option>
            <option value = "service">服务人员</option>
            <option value = "user">普通客户</option>
    </SELECT><span id = "userlevel1"></span>
    </TD>
</TR>
<TR>
    <TD>用户密码：</TD>
    <TD><input type = "password" name = "password"/><span id = "password1"></span>
    </TD>
</TR>
<TR>
<TD><input type = "submit" name = "提交"/></TD>
<TD></TD>
</TR>
</TABLE>
</form>
</body>
</html>
```

把数据传递到 AddUserServlet 中，由 Servlet 获得页面传递的数据，再对数据进行相应的处理。AddUserServlet 文件的源代码如下：

```java
package com.cn.users;
public class AddUserServlet extends HttpServlet {
    public void doGet(HttpServletRequest request,HttpServletResponse response) throws
            Servlet Exception,IOException {
        response.setContentType("text/html");
        PrintWriter out = response.getWriter();
        this doPost(request,response);
        out.flush();
        out.close();
    }
    public void doPost(HttpServletRequest request,HttpServletResponse response) throws
            ServletException,IOException {
        response.setContemtType("text/html");
        PrintWriter out = response.getWriter();
        //获得页面传递过来的数据
        String username = request.getParameter("username");//登录名
        String identity = request.getParameter("identity");//身份证
        String fullname = request.getParameter("fullname");//姓名
        int sex = Integer.parseInt(request.getParameter("sex"));//性别
        String address = request.getParameter("address");//地址
        String phone = request.getParameter("phone");//联系电话
        String position = request.getParameter("position");//职位
        String userlevel = request.getParameter("userlevel");//用户类型
        String password = request.getParameter("password");//用户密码
        //下面的步骤是把获得的数据放入 UsersVo 对象中
        UsersVo UsersVo = new UsersVo();
        UsersVo.setUsername(username);
```

```
        UsersVo.setIdentity(identity);
        UsersVo.setFullname(fullname);
        UsersVo.setSex(sex);
        UsersVo.setAddress(address);
        UsersVo.setPhone(phone);
        UsersVo.setPosition(position);
        UsersVo.setUserlevel(userlevel);
        UsersVo.setPassword(password);
        AddUsers addUsers = new AddUsers();
        addUsers.addusers(UsersVo);
        System.out.println("添加成功! ");
        response.sendRedirect("ShowUsersServlet");
        out.flush();
        out.close();
    }
}
```

在 Servlet 中获得数据以后,把数据放入 UsersVo 对象中,然后调用添加实体类 addUsers 的 addUsers()方法,然后跳转到查询的 Servlet,在还没有查询 Servlet 之前,可以先不让页面跳转。实体类 addUsers 的源代码如下:

```
package com.cn.users;
public class AddUsers {
    public void addusers(UsersVo UsersVo) {
        Connection conn = null;
        PreparedStatement pstm = null;
        ResultSet rs = null;
        try {
            conn = JDBC_Connection.getConnection()
            String Sql = "insert into users(username,identity,fullname,sex,address, phone,
                position,userlevel,password)value(?,?,?,?,?,?,?,?,?)";
            pstm = conn.prepareStatement(Sql);
            pstm.setString(1,UsersVo.getUsername());
            pstm.setString(2,UsersVo.getIdentity());
            pstm.setString(3,UsersVo.getFullname());
            pstm.setInt(4,UsersVo.getSex());
            pstm.setString(5,UsersVo.getAddress());
            pstm.setString(6,UsersVo.getPhone());
            pstm.setString(7,UsersVo.getPosition());
            pstm.setString(8,UsersVo.getUserlevel());
            pstm.setString(9,UsersVo.getPassword());
            pstm.executeUpdate();
            System.out.println("添加 users 成功! ");
        } catch(SQLException e) {
            //TODO Auto-generated catch block
            e.printStackTrace();
        }
    }
}
```

添加用户的页面显示效果如图 8-2 所示。

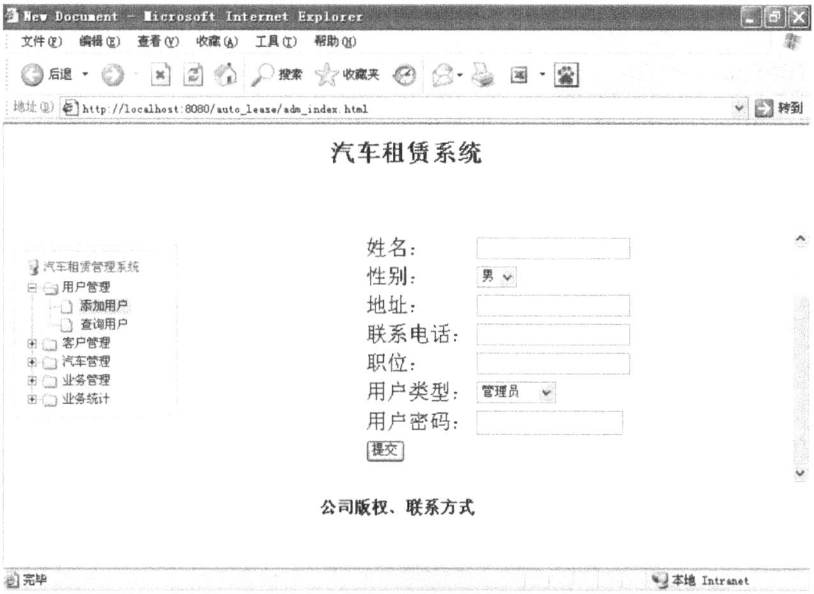

图8-2 添加用户的页面显示效果

2. 显示全部用户

当添加成功以后,跳转到显示全部用户的页面,或者在用户管理模块的主页面中单击"查询用户"按钮,进入显示全部用户信息的页面,这个过程需用到以下几个文件:

- ShowUsers.jsp:显示全部用户的页面。
- ShowUsers.java:显示用户信息实体类。
- ShowUsersServlet.java:显示用户信息的 Servlet。

在 ShowUsers.jsp 文件中用到 JSTL 标签和 EL 表达式来取值,同时提供一些操作的超链接。ShowUsers.jsp 文件源代码如下:

```
<%@ page language = "java" import = "com.cn.users.* " pageEncoding = "gb2312"%>
<%@ taglib uri = "http://java.sun.com/jsp/jstl/core" prefix = "c" %>
<!DOCTYPE HTML PUBLIC "-//W3C//DTD HTML 4.01 Transitional//EN">
…
<TABLE align = "center">
<TR>
    <TD>序号</TD>
    <TD>登录名</TD>
    <TD>身份证</TD>
    <TD>姓名</TD>
    <TD>性别</TD>
    <TD>职位</TD>
    <TD>用户类型</TD>
    <TD>操作</TD>
</TR>
<c:forEach items = "${list}" var = "list">
```

```html
<TR>
    <TD>${list.id}</TD>
    <TD>${list.username}</TD>
    <TD>${list.identity}</TD>
    <TD>${list.fullname}</TD>
    <TD>
      <c:if test = "${list.sex == 1}">男</c:if>
      <c:if test = "${list.sex == 0}">女</c:if>
    </TD>
    <TD>${list.position}</TD>
    <TD>
      <c:if test = "${list.userlevel eq 'admin'}">管理员</c:if>
      <c:if test = "${list.userlevel eq 'service'}">服务人员</c:if>
      <c:if test = "${list.userlevel eq 'user'}">普通客户</c:if>
    </TD>
    <TD>
       <a href = "/auto_lease/ShowUserByIDServlet?id = ${list.id}$code = show">查看
           </a>
       <a href = "/auto_lease/ShowUserByIDServlet?id = ${list.id}$code = update">
           修改</a>
       <a href = "/auto_lease/DeleteUserServlet?id = ${list.id}">删除</a>
    </TD>
</TR>
</c:forEach>
</TABLE>
    <div align = "center">
        <c:if test = "${page == 1}">首页</c:if>
        <c:if test = "${page>1}"><a href = " /auto_lease/ShowUserServlet?page = 1}">首
            页</a></c:if>
        <c:if test = "${page == 1}">上一页</c:if>
        <c:if test = "${page>1}"><a href = " /auto_lease/ShowUserServlet?page =
            ${page-1}
            ">上一页</a></c:if>
        <c:if test = "${page == maxpage}">下一页</c:if>
        <c:if test = "${page< maxpage }"><a href = " /auto_lease/ShowUserServlet?
            page = ${page+1}">下一页</a></c:if>
        <c:if test = "${page == maxpage}">末页</c:if>
        <c:if test = "${page< maxpage }"><a href = " /auto_lease/ShowUserServlet?
            page = ${maxpage}">末页</a></c:if>
    </div>
...
```

这个页面是从显示用户信息的 Servlet 中获得的。显示用户信息的 ShowUsersServlet 的源代码如下：

```java
package com.cn.users;
public class ShowUsersServlet extends HttpServlet {
    public void doGet(HttpServletRequest request,HttpServletResponse response) throws
        ServletException,IOException {
        response.setContentType("text/html");
        PrintWriter out = response.getWriter();
        this.doPost(request,response);
```

```
            out.flush();
            out.close();
        }
        public void doPost(HttpServletRequest request,HttpServletResponse response) throws
            ServletException,IOException {
            response.setContentType("text/html");
            PrintWriter out = response.getWriter();
            ShowUsers showUsers = new ShowUsers();
            List<UsersVo> list = new ArrayList<UsersVo>();
            String page1 = request.getParameter("page");
            //获得页面传递过来的 page 值赋值给 page1
            int page = 1;
            if(page1 != null) {
                    page = Integer.parseInt(page1);
                    //如果页面传递过来的 page 值存在，则把该 page1 赋值给 page 变量
            }
            list = showUsers.showByPage(page);//调用查询方法
            int maxpage = showUsers.maxpage();//调用最大页数方法
            request.setAttribute("list",list);
            request.setAttribute("page",page);
            request.setAttribute("maxpage",maxpage);
            request.getRequestDisparcher("user/showUsers.jsp").forward(request,response);
            out.flush();
            out.close();
        }
}
```

这个 Servlet 调用了显示全部用户的实体类，在实体类中有分页查询的方法和查询最大页数的方法，实体类 ShowUsers 的源代码如下：

```
package com.cn.users;
import com.cn.jdbc.JDBC_Connection;
public class ShowUsers {
    public List<UsersVo> showByPage(int page) { //分页查询方法
        ResultSet rs = null;
        PreparedStatement pstmt = null;
        Connection conn = null;
        List<UsersVo> list = new ArrayList<UsersVo>();
        try {
            conn = JDBC_Connection.getConnection();
            String Sql = "select*from users order by id desc limit?,5";
            //分页查询的 SQL 语句，每页显示 5 条记录
            pstmt = conn.prepareStatement(Sql);
            pstmt.setInt(1,page);
            rs = pstmt.executeQuery();
            while(rs.next()) {
                UsersVo UsersVo = new UsersVo();//把各属性放入 UsersVo 对象中
                UsersVo.setId(rs.getInt("id"));
                UsersVo.setUsername(rs.getString("username"));
                UsersVo.setIdentity(rs.getString("identity"));
                UsersVo.setFullname(rs.getString("fullname"));
                UsersVo.setSex(rs.getString("sex"));
                UsersVo.setAddress(rs.getString("address"));
                UsersVo.setPhone(rs.getString("phone"));
```

```
                    UsersVo.setPosition(rs.getString("position"));
                    UsersVo.setUserlevel(rs.getString("userlevel"));
                    UsersVo.setPassword(rs.getString("password"));
                    list.add(UsersVo);//把 UsersVo 对象放入集合中
                }
            } catch(SQLException e) {
                //TODO Auto-generated catch block
                e.printStackTrace();
            } finally {
                JDBC_Connection.free(rs,conn,pstmt);
            }
            return list;
        }
        public int maxpage() {           //获取最大页数查询方法
            Connection conn = null;
            Statement stmt = null;
            ResultSet rs = null;
            int count = 0;
            int maxpage = 0;
            try {
                conn = JDBC_Connection.getConnection()
                stmt = conn.createStatement();
                String Sql = "select count(*) from users";
                rs = stmt.executeQuery(Sql);
                while(rs.next()) {
                    count = rs.getInt(1);
                }
            } catch(SQLException e)
                //TODO Auto-generated catch block
                e.printStackTrace();
            } finally {
                JDBC_Connection.free(rs,conn,stmt);
            }
            maxpage = (count+4)/5;//最大页数等于总记录条数加上4，再除以5
            return maxpage;
        }
    }
```

当打开查询页面时，页面显示效果如图 8-3 所示。

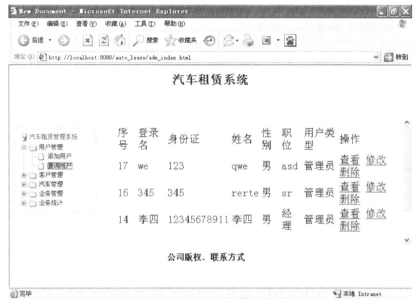

图8-3 显示全部用户的页面显示效果

3．修改用户

在显示全部用户的页面中可以单击"修改"超链接，打开修改用户的页面，对用户信息进行修改的操作用到以下几个文件：

- updateUsers.jsp：用于输入修改数据。
- com.cn.users.UpdateUser.java：修改用户的实体类。
- com.cn.users.UpdateUserServlet.java：修改用户的 Servlet。
- ShowUserById.java：查询单条用户信息实体类。
- ShowUserByIDServlet.java：查询单条用户信息的 Servelet。

当在显示全部用户的页面中单击"修改"超链接时，打开查询单条用户信息的 Servlet，该 Servlet 根据传递的参数来查询单条用户信息，然后根据 code 值跳转到不同的页面。ShowUserByIDServlet.java 源代码如下：

```
package com.cn.users;
public class ShowUserByIDServlet extends HttpServlet {
    public void doGet(HttpServletRequest request,HttpServletResponse response) throws
        ServletException,IOException {
        response.setContentType("text/html");
        PrintWriter out = response.getWriter();
        this.doPost(request,response);
        out.flush();
        out.close();
    }
    public void doPost(HttpServletRequest request,HttpServletResponse response) throws
```

```
        ServletException,IOException {
        response.setContentType("text/html");
        PrintWritter out = response.getWriter();
        int id = Integer.parseInt(request.getParameter("id"));
        string code = request.getParameter("code");
        ShowUserById userById = new ShowUserById();
        UsersVo UsersVo = new UsersVo();
        UsersVo = userById.showById(id);
        System.out.println(UsersVo.getUserlevel());
        request.setAttribute("UsersVo",UsersVo)
        if(code.equals("show")) {
            request.getRequestDispatcher("users/showUserManage.jsp").forward(request,
            response);
        } else if(code.equals("update")) {
            request.getRequestDispatcher("users/updateUsers.jsp").forward(request,response);
        }
        out.flush();
        out.close();
    }
}
```

该 Servlet 调用了查询单个用户信息的实体类，查询出对应的用户信息。实体类 ShowUserById.java 的源代码如下：

```
package com.cn.users;
public class ShowUserById {
    public UsersVo showById(int id) {
        UsersVo UsersVo = null;
        Connection conn = null;
        PreparedStatement pstmt = null;
        ResultSet rs = null;
        try {
            conn = JDBC_Connection.getConnection();
            pstmt = conn.prepareStatement("select*from users where id = ?");
            pstmt.setInt(1,id);//设置条件 id
            rs = pstmt.executeQuery();
            while(rs.next()) {
                UsersVo = new UsersVo();
                UsersVo.setId(rs.getInt("Id"));
                UsersVo.setUsername(rs.getString("username"));
                UsersVo.setIdentity(rs.getString("identity"));
                UsersVo.setFullname(rs.getString("fullname"));
                UsersVo.setSex(rs.getString("sex"));
                UsersVo.setAddress(rs.getString("address"));
                UsersVo.setPhone(rs.getString("phone"));
                UsersVo.setPosition(rs.getString("position"));
                UsersVo.setUserlevel(rs.getString("userlevel"));
                UsersVo.setPassword(rs.getString("password"));
            }
        }catch(SQLException e)
            //TODO Auto-generated catch block
            e.printStackTrace();
        }finally {
            JDBC_Connection.free(rs.conn,pstmt);
```

```
        }
        return UsersVo;
    }
}
```

打开修改的JSP页面时，会把该用户信息显示在页面中，修改用户信息的ShowUsers.jsp文件源代码如下：

```jsp
<%@ page language = "java" import = "java.util.* " pageEncoding = "gb2312"%>
<%@ taglib uri = "http://java.sun.com/jsp/jstl/core" prefix = "c" %>
<!DOCTYPE HTML PUBLIC "-//W3C//DTD HTML 4.01 Transitional//EN">
…
<from name = "form" action = "/auto_lease/UpdateUserServlet" method = "post">
<TABLE align = "center">
<TR>
    <TD>登录名：</TD>
    <TD><input name = "username" value = "${UsersVo.username}"/></TD>
</TR>
<TR>
    <TD>身份证：</TD>
    <TD><input name = "identity" value = "${UsersVo.identity}"/></TD>
</TR>
<TR>
    <TD>姓名：</TD>
    <TD><input name = "fullname" value = "${UsersVo.fullname}"/></TD>
</TR>
<TR>
    <TD>性别：</TD>
    <TD>
        <SELECT name = "sex" id = "sex">
            <option value = "${UsersVo.sex}">
                <c:if test = "${UsersVo.sex == 1}">男</c:if>
                <c:if test = "${UsersVo.sex == 0}">女</c:if >
            </option>
            <option value = "1">男</option>
            <option value = "0">女</option>
        </SELECT>
    </TD>
</TR>
<TR>
    <TD>地址：</TD>
    <TD><input name = "address" value = "${UsersVo.address}"/></TD>
</TR>
<TR>
    <TD>联系电话：</TD>
    <TD><input name = "phone" value = "${UsersVo.phone}"/></TD>
</TR>
<TR>
<TD>职位：</TD>
    <TD><input name = "position" value = "${UsersVo.position}"/></TD>
</TR>
<TR>
    <TD>用户类型：</TD>
```

```html
    <TD>
        <SELECT name = "userlevel" id = "role">
            <option value = "${UsersVo.userlevel}">
                <c:if test = "${UsersVo.userlevel eq 'admin'}">管理员</c:if>
                <c:if test = "${UsersVo.userlevel eq 'service'}">服务人员</c:if>
                <c:if test = "${UsersVo.userlevel eq 'user'}">普通用户</c:if>
            </option>
            <option value = "admin">管理员</option>
            <option value = "service">服务人员</option>
            <option value = "user">普通用户</option>
        </SELECT>
    </TD>
</TR>
<TR>
    <td></td>
    <TD><input type = "submit" value = "提交"></TD>
</TR>
</TABLE>
</form>
...
```

确认修改以后，会打开修改的 Servlet，该 Servlet 获得页面传递过来的数据，然后调用实体类更新数据中的数据。UpdateUserServlet.java 文件的源代码如下：

```java
package com.cn.users;
public class UpdateUserServlet extends HttpServlet {
    public void doGet(HttpServletRequest request,HttpServletResponse response) throws
        ServletException,IOException {
        response.setContentType("text/html");
        PrintWriter out = response.getWriter();
        this.doPost(request,response);
        out.flush();
        out.close();
    }
    public void doPost(HttpServletRequest request,HttpServletResponse response) throws
        ServletException,IOException {
        response.setContentType("text/html");
        PrintWriter out = response.getWriter();
        System.out.println("进了 UpdateServlet!!! ");
        //获得页面传递过来的数据
        String username = request.getParameter("username"); //登录名
        System.out.println(username+"$$$$$$");
        String identity = request.getParameter("identity");//身份证
        String fullname = request.getParameter("fullname");//姓名
        int sex = Integer.parseInt(request.getParameter("sex")); //性别
        String address = request.getParameter("address"); //地址
        String phone = request.getParameter("phone"); //联系电话
        String position = request.getParameter("position"); //职位
        String userlevel = request.getParameter("userlevel"); //用户类型
        String password = request.getParameter("password"); //用户密码
        System.out.println(username+"$$$$$$");
        System.out.println("333333333333");
```

```java
        //下面的步骤是把获得的数据放入 UsersVo 对象中
        UsersVo UsersVo = new UsersVo();
        UsersVo.setUsername(username);
        UsersVo.setIdentity(identity);
        UsersVo.setFullname(fullname);
        UsersVo.setSex(sex);
        UsersVo.setAddress(address);
        UsersVo.setPhone(phone);
        UsersVo.setPosition(position);
        UsersVo.setUserlevel(userlevel);
        UsersVo.setPassword(password);
        System.out.println("111111111");
        UpdateUser updateUser = new UpdateUser();
        updateUser.updateUser(userVo);
        System.out.println("修改成功! ");
        response.sendRedirect("ShowUsersServlet");
        out.flush();
        out.close();
    }
}
```

这个 Servlet 通过调用 UpdateUser.java 文件中的方法来实现数据的更新。UpdateUser.java 文件的源代码如下:

```java
package com.cn.users;
public class UpdateUser {
    public void updateUser(UsersVo UsersVo) {
        Connection conn = null;
        PreparedStatement pstmt = null;
        //根据 id 修改的 SQL 语句
        try {
            //修改 SQL 语句
            String Sql = "update users set username = ?,identity = ?,fullname = ?,
                sex = ?, Address = ?,phone = ?,position = ?,userlevel = ?,password = ?,
                where id = ?";
            conn = JDBC_Connection.getConnection();
            pstmt = conn.prepareStatement(Sql);
            //把值设置到修改的 SQL 语句中
            pstmt.setString(1,userVo.getUsername());
            pstmt.setString(2,userVo.getIdentity());
            pstmt.setString(3,userVo.getFullname());
            pstmt.setInt(4,userVo.getSex());
            pstmt.setString(5,userVo.getAddress());
            pstmt.setString(6,userVo.getPhone());
            pstmt.setString(7,userVo.getPosition());
            pstmt.setString(8,userVo.getUserlevel());
            pstmt.setString(9,userVo.getPassword());
            pstmt.setInt(10,userVo.getId());
            pstmt.executeUpdate();
        } catch(SQLException e) {
            //TODO Auto-generated catch block
            e.printStackTrace();
        } finally {
            JDBC_Connection.free(null,conn,pstmt);
```

```
            }
        }
}
```

修改用户的页面显示效果如图 8-4 所示。

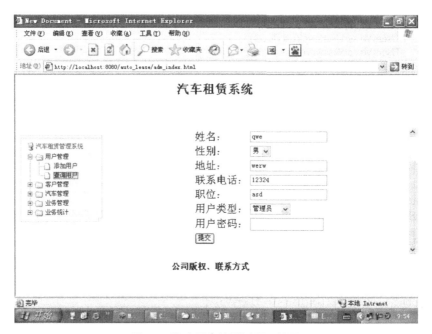

图8-4 修改用户的页面显示效果

4. 删除用户信息

在显示全部用户的页面中可以单击"删除"超链接，删除该用户信息。删除用户信息用到以下几个文件：

- showUsers.jsp：提供删除链接。
- DeleteUser.java：删除用户实体类。
- DeleteUserServlet.java：删除用户的 Servlet。

showUsers.jsp 文件是显示全部用户的内容。在显示全部用户的页面中单击"删除"超链接后，打开删除用户信息的 Servlet(DeleteUserServlet)，在 Servlet 中获得用户 id，然后调用实体类中的删除方法。DeleteUserServlet.java 文件源代码如下：

```
package com.cn.users;
public class DeleteUserServlet extends HttpServlet {
    public void doGet(HttpServletRequest request,HttpServletResponse response) throws
        ServletException,IOException {
        response.setContentType("text/html");
```

```
            PrintWriter out = response.getWriter();
            this.doPost(request,response);
            out.flush();
            out.close();
        }
        public void doPost(HttpServletRequest request,HttpServletResponse response) throws
            ServletException,IOException {
            response.setContentType("text/html");
            PrintWriter out = response.getWriter();
            ind id = Integer.parseInt(request.getParameter("id"));
            DeleteUser deleteUser = new DeleteUser();
            deleteuser.deleteUser(id);
            response.sendRedirect("ShowUsersServlet");
            System.out.println("删除成功!!!");
            out.flush();
            out.close();
        }
    }
```

这个 Servlet 中调用了 DeleteUser 实体类的 DeleteUser()方法，该方法是用来根据 id 删除用户信息的。DeleteUser.java 文件的源代码如下：

```
package com.cn.users;
import com.cn.jdbc.JDBC_Connection;
public class DeleteUser {
    public void deleteUser(int id) {
        Connection conn = null;
        PreparedStatement pstmt = null;
        try {
            conn = JDBC_Connection.getConnection();
            String Sql = "delete from users where id = ?";
            pstmt conn.prepareStatement(Sql);
            pstmt.setInt(1,id);//给 SQL 语句里的 id 赋值
            pstmt.executeUpdate();
        } catch(SQLException e) {
            //TODO Auto-generated catch block
            e.printStackTrace();
        } finally {
            JDBC_Connection.free(null,conn,pstmt);//关闭链接
        }
    }
}
```

删除成功后，返回显示全部用户信息的页面。

5. 显示单个用户的详细信息

在显示全部用户的页面单击"查看"超链接，查看单个用户的详细信息。查看单个用户的详细信息用到以下几个文件：

● showUserManager.jsp：显示单个用户详细信息。

● showUsers.jsp：提供查看链接。

● ShowUserById.java：查询单个用户信息实体类。

● ShowUserByIDServlet.java：查询单个用户信息 Servlet。

showUserManager.jsp 文件的源代码如下：

```jsp
<%@ page language = "java" import = "java.util.* " pageEncoding = "gb2312"%>
<%@ taglib uri = "http://java.sun.com/jsp/jstl/core" prefix = "c"%>
<!DOCTYPE HTML PUBLIC "-//W3C//DTD HTML 4.01 Transitional//EN">
…
<form name = "form" action = " method = "post">
<TABLE align = "center">
<TR>
    <TD></TD>
        <TD>高级查询</TD>
</TR>
<TR>
    <TD>登录名：</TD>
    <TD>${UsersVo.username}</TD>
</TR>
<TR>
    <TD>身份证：</TD>
    <TD>${UsersVo.identity}</TD>
</TR>
<TR>
    <TD>姓名：</TD>
    <TD>${UsersVo.fullname}</TD>
</TR>
<TR>
    <TD>性别：</TD>
    <TD>
        <c:if test = "${userVo.sex == 1}">男</c:if>
        <c:if test = "${userVo.sex == 0}">女</c:if>
    </TD>
</TR>
<TR>
    <TD>地址：</TD>
    <TD>${UsersVo.address}</TD>
</TR>
<TR>
    <TD>联系电话：</TD>
    <TD>${UsersVo.phone}</TD>
</TR>
<TR>
    <TD>职位：</TD>
    <TD>${UsersVo.position}</TD>
</TR>
<TR>
<TD>用户类型：</TD>
    <c:if test = "${userVo.userlevel eq 'admin'}">管理员</c:if>
    <c:if test = "${userVo.userlevel eq 'service'}">服务人员</c:if>
    <c:if test = "${userVo.userlevel eq 'user'}">普通客户</c:if>
    </TD>
</TR>
<TR>
```

```
    <TD>用户密码: </TD>
    <TD>${UsersVo.password}</TD>
</TR>
<TR>
<TD><input type = "button" value = "返回" onclick = "javascript:history.go(-1); "></TD>
    <TD>$nbsp;</TD>
</TR>
</TABLE>
</form>
…
```

该操作用到的其他文件之前都介绍过了,查看单个用户信息的页面如图 8-5 所示。

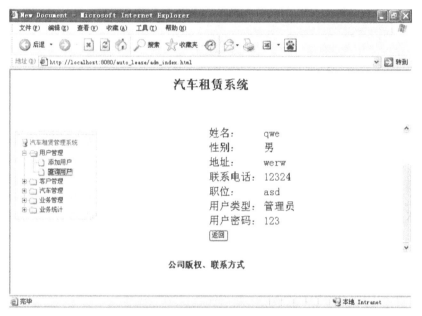

图8-5 查看单个用户信息的页面

任务29　客户管理模块

任务情境

客户管理模块主要是对租用汽车的客户信息进行操作。这些操作包括对客户信息的增、删、查、改,对客户信息进行管理能够增强对业务动向的掌握。

相关知识

1. 添加客户信息

添加客户信息主要是把一些客户信息录入数据库,主要能够保证数据的持久。在添加信息的页面输入信息以后,打开添加的 Servlet,由添加信息的 Servlet 调用实体类中的添加方法。添加客户信息的页面如图 8-6 所示。

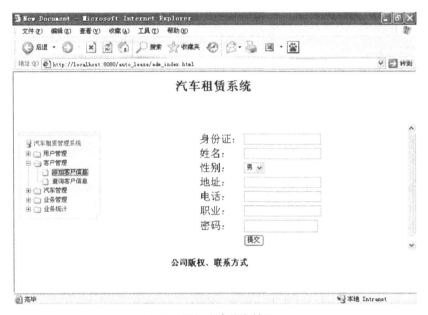

图8-6　添加客户信息的页面

2. 查看全部客户信息

添加成功以后或者单击图 8-6 左侧菜单中"客户管理"下的"查询客户信息",就会打开显示全部客户信息的页面。这个页面中提供查看单个客户详细信息的超链接、修改客户信息的超链接和删除客户信息的超链接。在该页面中分页显示所有的客户信息,页面效果如图 8-7 所示。

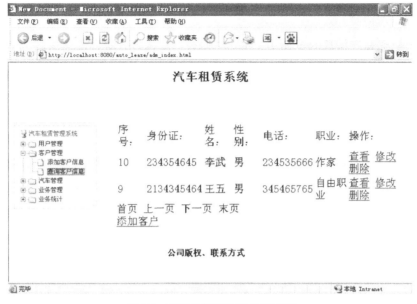

图8-7 显示全部客户信息的页面

3. 查看单个客户详细信息

这个操作是通过在显示全部客户的页面单击超链接来进入的,当在显示全部客户信息的页面中单击"查看"超链接时,会打开后台 Servlet,同时传递参数 id 和 code,根据 id 值来查询相关数据,然后根据 code 值来判断页面跳转。显示单个客户信息的页面如图 8-8 所示。

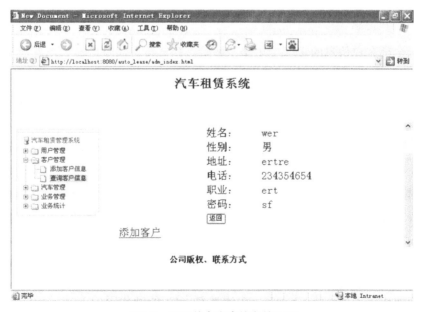

图8-8 显示单个客户信息的页面

4. 修改客户信息

在显示全部客户信息的页面中，单击"修改"超链接，就会传递参数 id 和 code，打开后台的 Servlet（查看单个客户信息的 Servlet），由 Servlet 查询 id 对象的客户信息，然后根据 code 值跳转到修改客户信息的页面，修改成功后返回显示全部客户信息的页面。修改客户信息的页面如图 8-9 所示。

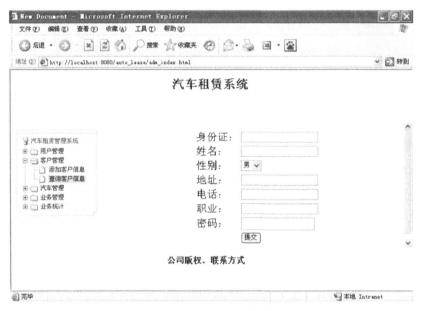

图8-9　修改客户信息的页面

5. 删除客户信息

在显示全部客户信息的页面中单击"删除"超链接，同时传递一个参数 id，打开删除客户信息的 Servlet，由 Servlet 调用删除实体类中的根据 id 删除的程序，把数据删除；然后返回显示全部客户信息的页面。

任务30　汽车管理模块

任务情境

汽车管理模块主要是对汽车租赁情况的一些操作，包括新增汽车信息、修改汽车信息（包括汽车租赁信息）、查看汽车信息、删除汽车登记等。

相关知识

这个模块中用了实体类 CarsVo，实体类 CarsVo 的源代码如下：

```
package com.cn.car;
public class CarsVo {
    private int id;//编号
    private String carnumber;//车号
    private String cartype;//型号
    private String color;//颜色
    private String price;//价值
    private String rentprice;//租金
    private String deposit;//押金
    private int isrenting;//租用情况
    private String description;//简介
    //这里省略了 setter 和 getter 方法
}
```

1. 新增汽车信息

新增汽车信息主要是把汽车的信息录入数据库，这个操作用到以下几个文件：

- addCar.jsp：用于输入添加的数据。

- AddCar.java：处理添加的实体类。

- AddCarServlet.java：处理添加的 Servlet。

addCar.jsp 文件的源代码如下：

```
<%@ page language = "java" import = "java.util.* " pageEncoding = "gb2312"%>
<!DOCTYPE HTML PUBLIC "-//W3C//DTD HTML 4.01 Transitional//EN">
...
<scipt type = "text/javascript">
function check() {
    if(document.getElementById("carnumber").value.length == 0) {
        document.getElementById("num").innerHTML = "车号不能为空! ";
    return false;
    }else if(document.getElementById("cartype").value.length == 0) {
    document.getElementById("cartype1").innerHTML = "型号不能为空! ";
    return false;
    }else if(document.getElementById("price").value.length == 0) {
    document.getElementById("price1").innerHTML = "价值不能为空! ";
    return false;
    }else if(document.getElementById("rentprice").value.length == 0) {
    document.getElementById("rentprice1").innerHTML = "租金不能为空! ";
    return false;
    }else if(document.getElementById("deposit").value.length == 0) {
      document.getElementById("deposit1").innerHTML = "押金不能为空! ";
      return false;
    }
    else {
    return ture;
    }
}
</script>
<form name = "form" method = "post" action = "/auto_lease/AddCarServlet" onsubmit =
    "returncheck();">
```

```
<TABLE align = "center">
<TR>
    <TD>车号：</TD>
    <TD><input name = "carnumber" id = "carnumber"/><span id = "num"></span>
    </TD>
</TR>
<TR>
    <TD>型号：</TD>
    <TD><input name = "cartype" id = "cartype"/><span id = "cartype1"></span>
    </TD>
</TR>
<TR>
    <TD>颜色：</TD>
    <TD><input name = "color" id = "color"/></TD>
</TR>
<TR>
    <TD>价值：</TD>
    <TD><input name = "price" id = "price"/><span id = "price1"></span></TD>
</TR>
<TR>
    <TD>租金：</TD>
    <TD><input name = "rentprice" id = "rentprice"/><span id = "rentprice1">
    </span></TD>
</TR>
<TR>
    <TD>押金：</TD>
    <TD><input name = "deposit" id = "deposit"/><span id = "deposit1"></span>
    </TD>
</TR>
<TR>
    <TD>租用情况：</TD>
    <TD>
        <SELECT name = "isrenting" id = "isrenting">
        <option value = "1">已出租</option>
        <option value = "0">未出租</option>
        </SELECT>
    </TD>
</TR>
<TR>
    <TD>简介：</TD>
    <TD><textarea col = "5" row = "5" name = "description" id = "description">
        </textarea></TD>
</TR>
<TR>
    <TD></TD>
    <TD><input type = "submit" value = "添加"></TD>
</TR>
</TABLE>
</form>
…
```

提交输入数据以后，打开添加的 Servlet(AddCarServlet)，AddCarServlet 的源代码如下：

```
package com.cn.car;
public class AddCarServlet extends HttpServlet {
    public void doGet(HttpServletRequest request,HttpServletResponse response) throws
        ServletException,IOException {
        response.setContentType("text/html");
        PrintWriter out = response.getWriter();
        out.flush();
        out.close();
    }
    public void doPost(HttpServletRequest request,HttpServletResponse response)
        throws ServletException,IOException {
        response.setContentType("text/html");
        PrintWriter out = response.getWriter();
        CarsVo carsVo = new CarsVo();
        String carnumber = request.getParameter("carnumber");//车号
        String cartype = request.getParameter("cartype");//型号
        String color = request.getParameter("color");//颜色
        double price = Double.parseDouble(request.getParameter("price"));//价值
        double rentprice = Double.parseDouble(request.getParameter("rentprice"));//租金
        double deposit = Double.parseDouble(request.getParameter("deposit"));//押金
        int isrenting = Integer.parseInt(request.getParamter("isrenting"));//租用情况
        String description = request.getParameter("description");;//简介
        carsVo.setCarnumber(carnumber);
        carsVo.setCartype(cartype);
        carsVo.setColor(color);
        carsVo.setPrice(price);
        carsVo.setRentprice(rentprice);
        carsVo.setDeposit(deposit);
        carsVo.setIsrenting(isrenting);
        carsVo.setDescription(description);
        AddCar addCar = new AddCar();
        addCar.addCar(carsVo);//调用添加方法
        response.sendRedirect("ShowCarsServlet");//重定向到查询 Servlet
        out.flush();
        out.close();
    }
}
```

实体类 AddCar 的源代码如下：

```
package com.cn.car;
public class AddCar {
    public void addCar(CarsVo carsVo) {
        Connection conn = null;
        PreparedStatement pstm = null;
        ResultSet rs = null;
        try {
            //调用 JDBC_Connection 类的 getConnection 方法连接数据库
            conn = JDBC_Connection.getConnection();
            //添加数据的 SQL 语句
            String Sql = "insert into cars(carnumber,cartype,color,price,rentprice, deposit,
                isrenting,description) values(?,?,?,?,?,?,?,?)";
            pstm = conn.prepareStatement(Sql);
            pstm.setString(1,carsVo.getCarnumber());
```

```
                pstm.setString(2,carsVo.getCartype());
                pstm.setString(3,carsVo.getColor());
                pstm.setString(4,carsVo.getPrice());
                pstm.setString(5,carsVo.getRentprice());
                pstm.setString(6,carsVo.getDeposit());
                pstm.setInt(7,carsVo.getIsrenting());
                pstm.setString(8,carsVo.getDescription());
                pstm.executeUpdate();    //提交 pstm 对象
                System.out.println("添加成功!添加的内容如下：")}
                System.out.println();
        }catch(Exception e) {
                e.printStackTrace();
        }finally {
                JDBC_Connection.free(rs,conn,pstm);
        }
    }
}
```

访问添加汽车信息的页面如图 8-10 所示。

图8-10 添加汽车信息的页面

2. 查看全部汽车信息

当添加成功以后或者登记查看汽车信息的时候，会打开显示全部汽车信息的页面，分页显示汽车信息。显示汽车信息用到的文件有以下几种：

- showCar.jsp：显示全部汽车信息的页面。
- ShowCars.java：查询全部汽车信息的实体类。
- ShowCarsServlet.java：显示全部汽车信息的 Servlet。

显示全部汽车信息的 ShowCarsServlet 源代码如下：

```java
package com.cn.car;
public class ShowCarsServlet extends HttpServlet {
    public void doGet(HttpServletRequest request,HttpServletResponse response) throws
        ServletException,IOException {
        response.setContentType("text/html");
        PrintWriter out = response.getWriter();
        this.doPost(request,response);//调用 doPost()方法
        out.flush();
        out.close();
    }
    public void doPost(HttpServletRequest request,HttpServletResponse response) throws
        ServletException,IOException {
        response.setContentType("text/html");
        PrintWriter out = response.getWriter();
        ShowCars showCars = new ShowCars();
        List<CarsVo> list = new ArrayList<CarsVo>();
        String page1 = request.getParameter("page");
        //获得页面传递过来的 page 值赋给 page1
        int page = 1;
        if(page1 != null) {
            page = Integer.parseInt(page1);
            //如果页面传递过来的 page 值存在，则把该 page1 赋值给 page 变量
        }
        list = showCars.showByPage(page);//调用查询方法
        int maxpage = showCars.maxpage();//调用最大页数方法
        request.setAttribute("list",list);
        request.setAttribute("page",page);
        request.setAttribute("maxpage",maxpage);
        System.out.println(maxpage);
        request.getRequestDispatcher("car/showCar.jsp").forward(request,response);
        //转发到页面
        out.flush();
        out.close();
    }
}
```

在这个 Servlet 中调用实体类 ShowCars 的方法，把数据库中的数据查询出来，然后转发到 JSP 页面中。实体类 ShowCars 的源代码如下：

```java
package com.cn.car;
public class ShowCars {
    public List<CarsVo> showByPage(int page) { //分页查询方法
        ResultSet rs = null;
        PreparedStatement pstmt = null;
        Connection conn = null;
        List<CarsVo> list = new ArrayList<CarsVo>();
        try {
            conn = JDBC_Connection.getConnection();
            String Sql = "select*from cars order by id desc limit?,5";
            //分页查询的 SQL 语句，每页显示 5 条
            pstmt = conn.prepareStatement(Sql);
            pstmt.setInt(1,page);
            rs = pstmt.executeQuery();
```

```java
                while(rs.next()) {
                    CarsVo carsVo = new CarsVo();//把各属性放入 CarsVo 对象中
                    carsVo.setId(rs.getInt("id"));
                    carsVo.setCarnumber(rs.getString("carnumber"));
                    carsVo.setCartype(rs.getString("cartype"));
                    carsVo.setColor(rs.getString("color"));
                    carsVo.setPrice(rs.getDouble("price"));
                    carsVo.setRentprice(rs.getDouble("rentprice"));
                    carsVo.setDeposit(rs.getDouble("deposit"));
                    carsVo.setIsrenting(rs.getInt("isrenting"));
                    carsVo.setDescription(rs.getString("description"));
                    list.add(carsVo);  //把 CarsVo 对象放入集合中
                }
            } catch(SQLException e) {
                //TODO Auto-generated catch block
                e.printStackTrace();
            } finally {
                JDBC_Connection.free(rs,conn,pstmt);
            }
            return list;
        }
        public int maxpage() {
            Connection conn = null;
            Statement stmt = null;
            ResultSet rs = null;
            int count = 0;
            int maxpage = 0;
            try {
                conn = JDBC_Connection.getConnection();
                stmt = conn.createStatement();
                String Sql = "select count(*) from cars";
                rs = stmt.executeQuery(Sql);
                while(rs.next()) {
                    count = rs.getInt(1);
                }
            } catch(SQLException e) {
                //TODO Auto-generated catch block
                e.printStackTrace();
            } finally {
                JDBC_Connection.free(rs,conn,stmt);
            }
            maxpage = (count+4)/5;
            return maxpage;
        }
        public List<CarsVo> showCars() {
            Connection conn = null;
            Statement stmt = null;
            ResultSet rs = null;
            List<CarsVo> list = new ArrayList<CarsVo>();
            try {
                String Sql = "select*from cars";
                conn = JDBC_Connection.getConnection();
                stmt = conn.createStatement();
                rs = stmt.executeQuery(Sql);
                while(rs.next()) {
                    CarsVo carsVo = new CarsVo(); //把各属性放入 CarsVo 对象中
```

```
                carsVo.setId(rs.getInt("id"));
                carsVo.setCarnumber(rs.getString("carnumber"));
                carsVo.setCartype(rs.getString("cartype"));
                carsVo.setColor(rs.getString("color"));
                carsVo.setPrice(rs.getString("price"));
                carsVo.setRenprice(rs.getString("rentprice"));
                carsVo.setDeposit(rs.getString("deposit"));
                carsVo.setIsrenting(rs.getString("isrenting"));
                carsVo.setDescription(rs.getString("description"));
                list.add(carsVo);//把 CarsVo 对象放入集合中
            }
        } catch(SQLException e) {
            //TODO Auto-generated catch block
            e.printStackTrace();
        } finally {
            JDBC_Connection.free(rs,conn,stmt);//关闭连接
        }
        return list;
    }
}
```

显示全部汽车信息的 showCar.jsp 文件源代码如下：

```
<%@ page language = "java" import = "java.util.* " pageEncoding = "utf-8"%>
<%@ taglib uri = "http://java.sun.com/jsp/jstl/core" prefix = "c"%>
<!DOCTYPE HTML PUBLIC "-//W3C//DTD HTML 4.01 Transitional//EN">
<html>
<head>
<title>My JSP 'showCar.jsp' starting page</title>
<script>
function submitForm() {
    Parent.right.location.href = "/auto-lease/UpdateCarServlet";
}
</script>
</head>
<body>
<TABLE align = "center" width = "80%">
<TR>
    <TD>车号</TD>
    <TD>颜色</TD>
    <TD>价值</TD>
    <TD>租金</TD>
    <TD>押金</TD>
    <TD>租用情况</TD>
    <TD>操作</TD>
</TR>
<c:forEach items = "${list}" var = "list">
<TR>
    <TD>${list.carnumber}</TD>
    <TD>${list.color}</TD>
    <TD>${list.price}</TD>
    <TD>${list.rentprice}</TD>
    <TD>${list.deposit}</TD>
    <TD>
```

```
        <c:if test = "${list.isrenting == 0}">未出租</c:if>
        <c:if test = "${list.isrenting == 1}">已出租</c:if>
    </TD>
    <TD>
        <a href = "/auto_lease/QueryByIdServlet?id = ${list.id}$code = select">查看</a>
        <a href = "/auto_lease/QueryByIdServlet?id = ${list.id}$code = update">修改</a>
        <a href = "/auto_lease/DeleteCarServlet?id = ${list.id}">删除</a>
    </TD>
</TR>
</c:forEach>
</TABLE>
<div align = "center">
    <c:if test = "${page == 1}">首页</c:if>
    <c:if test = "${page>1}"><a href = "auto_lease/ShowCarsServlet?page = 1">首页</a>
        </c:if>
    <c:if test = "${page == 1}">上一页</c:if>
    <c:if test = "${page>1}"><a href = "auto_lease/ShowCarsServlet?page = ${page-1}">上
        一页</a></c:if>
    <c:if test = "${page == 1}">下一页</c:if>
    <c:if test = "${page>1}"><a href = "auto_lease/ShowCarsServlet?page = ${page+1}">
        下一页</a></c:if>
    <c:if test = "${page == 1}">末页</c:if>
    <c:if test = "${page>1}"><a href = "auto_lease/ShowCarsServlet?page = $
        {maxpage}">末页</a></c:if>
</div>
</body>
</html>
```

在显示全部汽车信息的页面中分页显示汽车的信息，同时提供查看单个汽车详细信息的超链接、修改汽车信息的超链接，还有删除汽车信息的超链接。显示全部汽车信息的页面如图 8-11 所示。

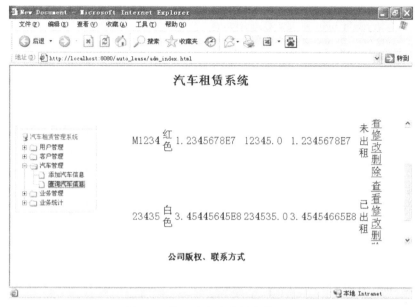

图8-11 显示全部汽车信息的页面

3. 查看单个汽车详细信息

在显示全部汽车信息的页面中，单击"查看"超链接可以查看单个汽车详细信息。查看单个汽车详细信息操作用到以下几个文件：

- QueryById.java：从数据库中查询单个汽车信息。
- QueryByIdServlet.java：处理查询单个汽车信息的业务。
- showCarManager.jsp：显示单个汽车信息页面。

当单击"查看"超链接时，先打开 QueryByIdServlet，由 Servlet 来处理该请求。QueryByIdServlet 类的源代码如下：

```
package com.cn.car;
public class QueryByIdServlet extends HttpServlet {
    public void doGet(HttpServletRequest request,HttpServletResponse response) throws
        ServletException,IOException {
        response.setContentType("text/html");
        PrintWriter out = response.getWriter();
        this.doPost(request,response);//调用 doPost()方法
        out.flush();
        out.close();
    }
    public void doPost(HttpServletRequest request,HttpServletResponse response) throws
        ServletException,IOException {
        response.setContentType("text/html");
        PrintWriter out = response.getWriter();
        int id = Integer.parseInt(request.getParameter("id"));//获得页面传递过来的 id
        String code = request.getParameter("code");//获得隐藏域中的 code
        CarsVo carsVo = new CarsVo();
```

```
            QueryById byId = new QueryById();
            carsVo = byId.queryById(id);
            request.setAttribute("carsVo",carsVo);
            if(code.equals("update")) {
                request.getRequestDispatcher("car/updateCar.jsp").forward(request,response);
            } else if(code.equals("select")) {
                request.getRequestDispatcher("car/showCarManger.jsp").forward(request,
                    response);
            }
            out.flush();
            out.close();
        }
    }
```

在这个 Servlet 中，调用了实体类 QueryById 来查看单个汽车详细信息，然后转发到页面显示查询结果。实体类 QueryById 的源代码如下：

```
package com.cn.car;
public class QueryById {
    public CarsVo queryById(int id) {
        CarsVo carsVo = null;
        Connection conn = null;
        PreparedStatement pstmt = null;
        ResultSet rs = null;
        try {
            conn = JDBC_Connection.getConnection();
            pstmt = conn.prepareStatement("select*from cars where id = ?");
            pstmt.setInt(1,id);//设置条件 id
            rs = pstmt.excuteQuery();
            while(rs.next) {
                carsVo = new CarsVo();
                carsVo.setCarnumber(rs.getString("carnumber"));
                carsVo.setCartype(rs.getString("cartype"));
                carsVo.setColor(rs.getString("color"));
                carsVo.getDeposit(rs.getString("deposit"));
                carsVo.setDescription(rs.getString("description"));
                carsVo.setIsrenting(rs.getInt("isrenting"));
                carsVo.setPrice(rs.getDouble("price"));
                carsVo.setRentprice(rs.getDouble("rentprice"));
                carsVo.setId(rs.getInt("id"));
            }
        } catch(SELException e)
            //TODO Auto-generated catch block
            e.printStackTrace();
        } finally {
            JDBC_Connection.free(rs,conn,pstmt);
        }
        return carVo;
    }
}
```

在页面中显示出单个汽车详细信息，这些信息中有的是数字类型的数据，在页面显示时会改成中文显示。showCarManager.jsp 文件的源代码如下：

```
<%@ page language = "java" import = "java.util.* " pageEncoding = "gb2312"%>
<%@ taglib uri = "http://java.sun.com/jsp/jstl/core" prefix = "c"%>
<!DOCTYPE HTML PUBLIC "-//W3C//DTD HTML 4.01 Transitional//EN">
…
<form name = "form" method = "post">
<TABLE align = "center">
<TR>
<TD>高级查询</TD>
    <TD></TD>
    </TR>
<TR>
    <TD>车号：</TD>
    <TD>${carsVo.carnumber}</TD>
</TR>
<TR>
    <TD>型号：</TD>
    <TD>${carsVo.cartype}</TD>
</TR>
<TR>
    <TD>颜色：</TD>
    <TD>${carsVo.color}</TD>
</TR>
<TR>
    <TD>价值：</TD>
    <TD>${carsVo.price}</TD>
</TR>
<TR>
    <TD>租金：</TD>
    <TD>${carsVo.rentprice}</TD>
</TR>
<TR>
    <TD>押金：</TD>
    <TD>${carsVo.deposit}</TD>
</TR>
<TR>
    <TD>租用情况：</TD>
    <TD>
        <c:if test = "${carsVo.isrenting == 1}">已出租</c:if>
        <c:if test = "${carsVo.isrenting == 0}">未出租</c:if>
    </TD>
</TR>
<TR>
    <TD><input type = "button" value = "返回" onclick = "javascript:history.go(-1); ">
        </TD>
    <TD>$nbsp;</TD>
</TR>
</TABLE>
</form>
```

访问显示单个汽车信息的页面效果如图 8-12 所示。

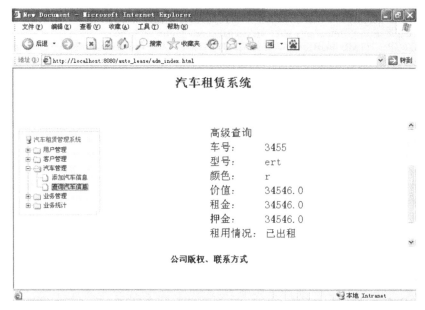

图8-12 显示单个汽车信息的页面

4. 修改汽车信息

先根据要修改汽车的 id 来查询汽车信息，然后把这些数据传到修改页面，并在页面中显示出来。修改汽车信息操作用到以下几个文件：

- QueryById.java：查询要修改的汽车信息的实体类。
- QueryByIdServlet.java：查询要修改的汽车信息的 Servlet。
- UpdateCar.java：修改汽车信息的实体类。
- UpdateCarServlet.java：修改汽车信息的 Servlet。
- showCar.jsp：提供修改超链接。
- updateCar.jsp：修改信息页面。

QueryById.java 和 QueryByIdServlet.java 两个文件在查看单个汽车信息时已经编写好了，下面来编写 updateCar.jsp 文件。updateCar.jsp 文件的源代码如下：

```
<$@ page language = "java" pageEncoding = "utf-8"%>
<%@ taglib uri = "http://java.sun.com/jsp/jstl/core" prefix = "c"%>
<!DOCTYPE HTML PUBLIC "-//W3C//DTD HTML 4.01 Transitional//EN">
<form name = "form"method = "post" action = "UpdateCarServlet">
<input type = "hidden" name = "id" value = "${carsVo.id}">
<TABLE align = "center">
<TR>
    <TD>车号：</TD>
<TD><input name = "carnumber" value = "${carsVo.carnumber}" readonly/></TD>
</TR>
<TR>
```

```
        <TD>型号：</TD>
        <TD><input name = "cartype" value = "${carsVo.cartype}" readonly/></TD>
</TR>
<TR>
        <TD>颜色：</TD>
<TD><input name = "color" value = "${carsVo.color}"/></TD>
</TR>
<TR>
        <TD>价值：</TD>
        <TD><input name = "price" value = "${carsVo.price}"/></TD>
</TR>
<TR>
        <TD>租金：</TD>
        <TD><input name = "rentprice" value = "${carsVo.rentprice}"/></TD>
</TR>
<TR>
        <TD>押金：</TD>
        <TD><input name = "deposit" value = "${carsVo.deposit}"/></TD>
</TR>
<TR>
        <TD>租用情况：</TD>
        <TD>
                <SELECT NAME = "isrenting" is = "isRent">
                        <option value = "${carsVo.isrenting}"><c:if test = "${carsVo.isrenting == 1}"
                        >已出租</c:if>
                        <c:if test = "${carsVo.isrenting == 0}">未出租</c:if>
                        </option>
                        <option value = "1">已出租</option>
        <option value = "0">未出租</option>
                </SELECT>
        </TD>
</TR>
<TR>
        <TD>简介：</TD>
        <TD><textarea col = "5" row = "5" name = "description">${carVo.description}
                </textarea></TD>
</TR>
<TR>
        <TD></TD>
        <TD>
                <input type = "submit" value = "提交">
        </TD>
</TR>
</TABLE>
</form>
```

在该页面中提交数据以后，打开修改信息的 Servlet，即 UpdateCarServlet.java 文件，这个文件的源代码如下：

```
package com.cn.car;
public class UpdateCarServlet extends HttpServlet {
    public void destroy() {
        super.destroy();//Just puts "destroy" string in log
```

```
        //Put your code here
    }
    public void doGet(HttpServletRequest request,HttpServletResponse response) throws
        ServletException,IOException {
        response.setContentType("text/html");
        PrintWriter out = response.getWriter();
        this.doPost(request,response);//调用 doPost 方法
        out.flush();
        out.close();
    }
    public void doPost(HttpServletRequest request,HttpServletResponse response) throws
        ServletException,IOException {
        response.setContentType("text/html");
        PrintWriter out = response.getWriter();
        int id = Integer.parseInt(request.getParameter("id"));
        String carnumber = request.getParameter("carnumber");//车号
        String cartype = request.getParameter("cartype");//型号
        String color = request.getParameter("color");//颜色
        double price = Double.parseDouble(request.getParameter("price"));//价值
        double rentprice = Double.parseDouble(request.getParameter("rentprice"));//租金
        double deposit = Double.parseDouble(request.getParameter("deposit"));//押金
        int isrenting = Integer.parseInt(request.getParameter("isrenting"));//租用情况
        String description = request.request.getParameter("description");//简介
        CarsVo carsVo = new CarsVo();
        //把页面数据设置到 CarsVo 对象中
        carsVo.setId(id);
        carsVo.setColor(color);
        carsVo.setCarnumber(carnumber);
        carsVo.setCartype(cartype);
        carsVo.setPrice(price);
        carsVo.setRentprice(rentprice);
        carsVo.setDeposit(deposit);
        carsVo.setIsrenting(isrenting);
        carsVo.setDescription(description);
        UpdateCar updateCar = new UpdateCar();
        updateCar.updatecar(carsVo);
        //重定向到显示全部的页面
        Response.sendRedirect("ShowCarsServlet");
        out.flush();
        out.close();
    }
}
```

这个类中调用了实体类 UpdateCar 的修改方法 updatecar()，由 updatecar()方法更新数据库中的数据。UpdateCar.java 文件的源代码如下：

```
package com.cn.car;
public class Updatecar {
    public void updatecar(CarsVo carsVo) {
        Connection conn = null;
        PreparedStatement pstmt = null;
        //修改 id 的 SQL 语句
        try {
```

```
            //修改SQL语句
            String Sql = "update cars set carnumber = ?,cartype = ?,color = ?,price = ?,
                rentprice = ?,deposit = ?,isrenting = ?,description = ?,where id = ?";
            conn = JDBC_Connection.getConnection();
            pstmt = conn.prepareStatement(Sql);
            //把值设置到修改的SQL语句中
            pstmt.setString(1,carsVo.getCarnumber());
            pstmt.setString(2,carsVo.getCartype());
            pstmt.setString(3,carsVo.getColor());
            pstmt.setDouble(4,carsVo.getPrice());
            pstmt.setDouble(5,carsVo.getRentprice());
            pstmt.setDouble(6,carsVo.getDeposit());
            pstmt.setInt(7,carsVo.getIsrenting());
            pstmt.setString(8,carVo.getDescription());
            pstmt.setInt(9,carsVo.getId());
        } catch(SQLException e)
            //TODO Auto-generated catch block
            e.printStackTrace();
        finally {
            JDBC_Connection.free(null,conn,pstmt);
        }
    }
}
```

修改汽车信息的页面如图8-13所示。当修改成功后,返回显示全部汽车信息的页面。

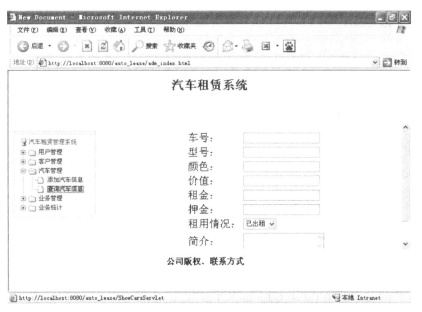

图8-13 修改汽车信息的页面

5. 删除单个汽车信息

在显示全部汽车信息的页面中,单击"删除"超链接就可以把该条汽车信息删除。删除单个汽车信息用到的文件有以下几个。

- showCar.jsp：提供删除链接。
- DeleteCar.java：删除单个汽车信息实体类。
- DeleteCarServet.java：删除单个汽车信息 Servlet。

删除单个汽车信息 Servlet，即 DeleteCarServet.java 的源代码如下：

```java
package com.cn.car;
public class DeleteCarServet extends HttpServlet {
    public void doGet(HttpServletRequest request,HttpServletResponse response) throws
        ServletException,IOException {
        response.setContentType("text/html");
        PrintWriter out = response.getWriter();
        this.doPost(request,response);//调用 doPost()方法
        out.flush();
        out.close();
    }
    public void doPost(HttpServletRequest request,HttpServletResponse response) throws
        ServletException,IOException {
        response.setContentType("text/html");
        PrintWriter out = response.getWriter();
        int id = Integer.parseInt(request.getParameter("id"));
        DeleteCar car = new DeleteCar();
        car.deleteCar(id);
        response.sendRedirect("ShowCarsServlet");
        System.out.println("删除成功!");
        out.flush();
        out.close();
    }
}
```

在这个 Servlet 中调用了删除单个汽车信息的实体类 DeleteCar 的删除方法 deleteCar()，实体类 DeleteCar 的源代码如下：

```java
package com.cn.car;
public class DeleteCar {
    public void deleteCar(int id) {
        Connection conn = null;
        PreparedStatement pstmt = null;
        try {
            conn = JDBCConnection.getConneciton();
            String Sql = "delete from cars where id = ?";
            pstmt = conn.prepareStatement(Sql);
            pstmt.setInt(1,id);//给 SQL 语句里的 id 赋值
            pstmt.excuteUpdate();
        } catch(SQLException e) {
            //TODO Auto-generated catch block
            e.printStackTrace();
        } finally {
            JDBC_Connection.free(null,conn,pstmt);//关闭连接
        }
    }
}
```

任务31　业务管理模块

任务情境

业务管理模块有汽车出租、汽车入库、出租单管理和检查单管理。汽车出租和汽车入库是对汽车信息表进行操作；出租单管理是对出租单表进行操作；检查单管理是对检查单表进行操作。

相关知识

1. 汽车出租

单击图 8-13 左侧菜单中"业务管理"下的"汽车出租"，打开如图 8-14 所示的汽车出租操作页面。

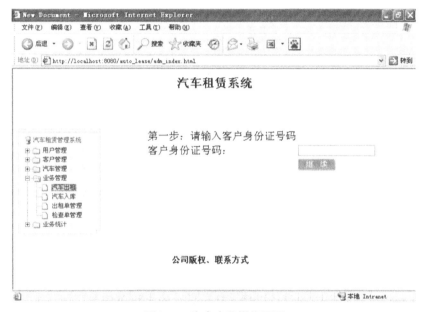

图8-14　汽车出租操作页面

在该页面中，输入客户身份证号码后，打开如图 8-15 所示的汽车出租登记页面。输入客户身份证号码以后会查询出数据库中的客户信息，然后根据客户信息来操作汽车出租。

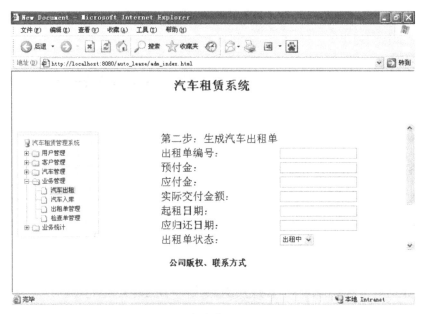

图8-15 汽车出租登记页面

登记成功后，会提示操作成功。注意，在汽车出租操作之前，必须对客户信息进行登记。

2. 汽车入库

汽车入库操作需要根据出租单来查询汽车信息，然后修改汽车的信息，即把已出租状态改成未出租状态。单击图 8-15 左侧菜单中"业务管理"下的"汽车入库"，打开如图 8-16 所示的出租单号码查询页面。

当单击"继续"按钮以后，传递一个参数——出租单号码，打开查询的 Servlet，在这个 Servlet 中调用了查询出租单信息的实体类，该类根据出租单号来查询出租单信息。Servlet 获得出租单表中的信息以后，打开显示的出租单信息页面，显示出租单的详细信息，如果查询结果为空，则打开如图 8-17 所示的出租单信息页面。

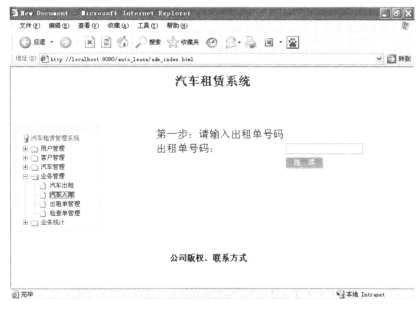

图8-16 出租单号码查询页面

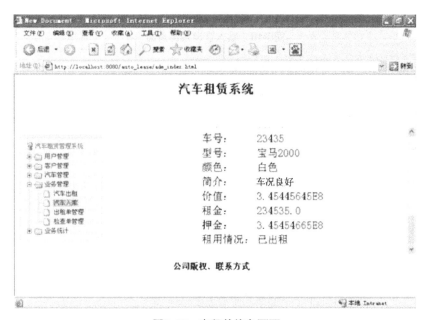

图8-17 出租单信息页面

在出租单信息页面中有操作出租单信息的修改，通过修改出租单的信息来修改汽车表中的信息。

3. 出租单管理

单击图8-17左侧菜单中"业务管理"下的"出租单管理"，打开如图8-18所示的输入查询条件页面,可以根据条件来查询出租单的信息。

图8-18　输入查询条件页面

提交查询条件以后,打开条件查询的 Servlet,由该 Servlet 获得页面传递过来的数据,调用条件查询的实体类,该实体类中使用一个动态查询的 SQL 语句,因为查询的条件的数量是动态的,可能查询时只输入了一个查询条件,或者不输入查询条件,当不输入查询条件时,则查询全部的信息。查询出租单信息页面如图 8-19 所示。

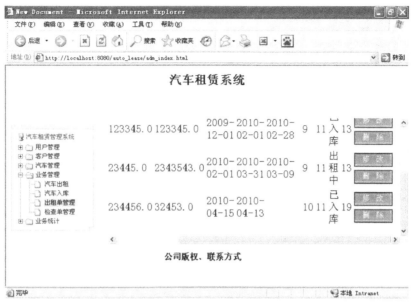

图8-19 查询出租单信息页面

在如图 8-19 所示的页面中,对出租单进行增、删、改、查操作,出租单的增、删、改、查方法跟用户管理模块、汽车管理模块的增、删、改、查方法相似。

4. 检查单管理

检查单管理是对检查单的增、删、改、查操作,单击图 8-19 左侧菜单中"业务管理"下的"检查单管理",打开如图 8-20 所示的检查单条件查询页面。

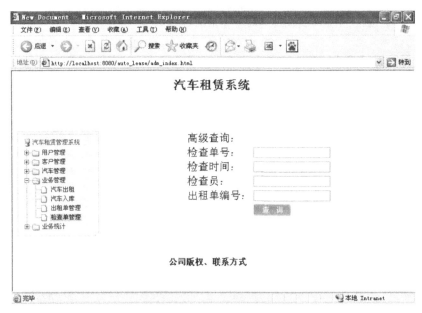

图8-20 检查单条件查询页面

单击"查询"按钮时,把页面的数据传递到查询的 Servlet,如果不输入查询条件,则查询全部检查单信息。Servlet 调用查询实体类中的方法,把传递的数据转发到显示查询结果的页面中,查询检查单信息页面如图 8-21 所示。

在这个页面中提供了对检查单的增、删、改、查操作,操作方法跟汽车管理模块的增删改查方法类似。单击"查询"按钮时,显示单个检查单的详细信息;单击"修改"按钮时,打开修改页面,修改数据成功以后,返回显示全部检查单信息的页面;当单击"删除"按钮时,则把该条数据删除,删除成功后返回显示全部检查单信息页面。

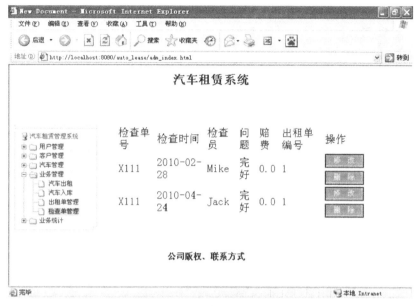

图8-21 查询检查单信息页面

任务32　业务统计模块

任务情境

业务统计模块是对当月中应该归还的汽车信息进行管理,下面介绍该模块的主要功能。

相关知识

当单击图 8-21 左侧菜单中"业务统计"下的"当月应还汽车"时,显示条件为应归还日期是本月的所有出租单信息,页面效果如图 8-22 所示。

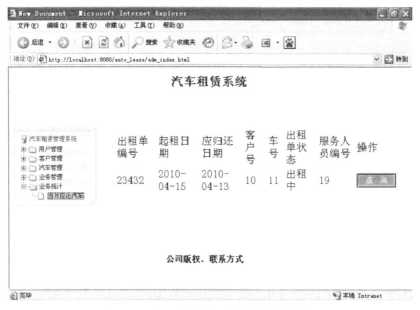

图8-22 显示当月应还汽车的出租单信息

在如图 8-22 所示的页面中单击"查询"按钮,打开查询单个出租单信息的 Servlet,Servlet 调用了查询单个出租单信息实体类中的方法,把查询结果转发到显示单个出租单信息页面,页面效果如图 8-23 所示。

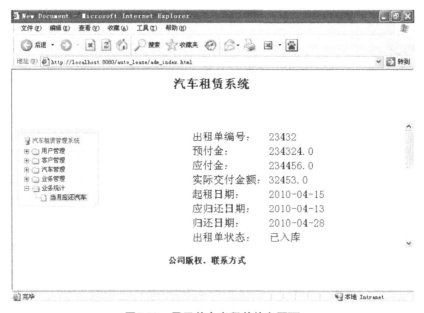

图8-23 显示单个出租单信息页面

综合实训八　学生课绩管理系统案例精讲

问题情境

这一部分将讲解如何使用 JSP 开发一个实用的学生课绩管理系统，它将比较全面地体现使用 JSP 构建一个实用的 Web 系统的思路和方法。通过对这个实例的讲解，读者可熟悉 JSP 系统开发和设计过程。

拓展知识

本实训中读者需要重点掌握的内容有：
- 学生课绩管理系统的系统分析方法。
- 学生课绩管理系统的数据库设计方法。
- 学生课绩管理系统的编程方法。
- 了解学生课绩管理系统的测试与维护方法。
- 了解一般软件项目的开发流程。

实例 14　系统概述

1. 学生课绩管理系统的需求

学生课绩管理系统是模拟学校中学生课绩管理的应用程序，它需要维护一个数据库，存储学生、课程、教师等信息。该系统由公用模块、学生模块、教师模块、管理员模块四部分组成，其功能包括学生模块需要能够支持学生选课、查看学分和更改相关信息，支持教师挑选选课学生、公布课程成绩，支持管理员完成管理课程、教师和学生的功能。

本系统采用 Servlet+JSP+JavaBeans+MySql 设计方式，其中 Servlet 担当主要逻辑控制，通过接收 JSP 传来的用户请求，调用以及初始化 JavaBeans，再通过 JSP 传到客户端，本系统中 SqlBean 担当主要的与数据库的连接与通信，JavaBeans 在本系统中主要担当配合 JSP 以及 Servlet 来完成用户的请求，而 JSP 主要担当接收与响应客户端。

2. 学生课绩管理系统的概要设计

图 8-24 描述了这个应用程序的系统框架图，本系统由一个公用登录模块和三个主要功能模块组成：数据库连接公用模块、学生模块、教师模块和管理员模块。

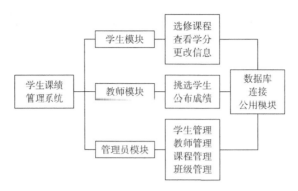

图8-24 学生课绩管理系统架构

（1）数据库连接公用模块。不同用户共有的登录操作或信息存储和管理模块。

（2）学生模块。学生登录以后，可完成选修课程、查看学分和更改信息操作。首先，系统会根据学生所在系及课程的选修课判断（课程有系别、选修课等属性），列出所有满足该生系别以及该生还未选报的课程，或者其预修课为public的课程。如果该生选报了未满足选修课要求的课程，系统会有相关的错误提示。其次，学生可以查看自己的成绩，包括该生已选课程的名称、学分以及该生的总分。如果教师还未给出成绩，则系统会有相关提示。最后，该生可以更改自己的个人信息，包括密码、电话号码等，其中要求密码不能为空。

（3）教师模块。教师登录系统后，拥有是否接受学生所选课程以及给学生打分的权限，只有先接受学生，才能给该生打分。首先，系统要求教师选择学生，然后系统会列出该教师所代课程的班级。其次，系统会列出选报了该课程的所有学生（其中包括了该生的一些详细情况），在教师选择了接受以后，就可以给该生的这门课程打分，在这之后系统会分析教师的输入是否正确（即是否为阿拉伯数字），否则会有提示。最后，在教师给出了学生成绩之后，系统会根据成绩来判断该生是否通过了考试，如果该成绩大于或等于60分，则给该生加上该课程的学分。

（4）管理员模块。管理员在本系统中有着最高权限，包括新增、更改、删除学生、教师、课程以及班级操作。其中"班级"是本系统中关键的环节，同样也是数据库中的关键。它直接与课程、教师、上课时间、地点相联系，学生所选的课程也要具体到某一个班级，所以，首先班级号不能为空，其次要保证同一教师在同一时间不能上两门课程。在新增"课程"时，要求决定课程所在系以及其选修课（系统会动态列出现有的课程），其中课程所在系必须与选修课所在系一致（或者选择无选修课，再或者预修课属性为public），否则系统会有错误提示。除此之外，在更改或新增时，名称、id或者密码不可为空,否则系统会有相关提示。

3. 学生课绩管理系统的详细设计

系统的详细设计是利用需求分析和概要设计来确定每个模块的内部特征以及实现过程来进行详细的程序设计。

(1)总体设计(系统结构图)。该系统结构总体设计如图 8-25 所示。

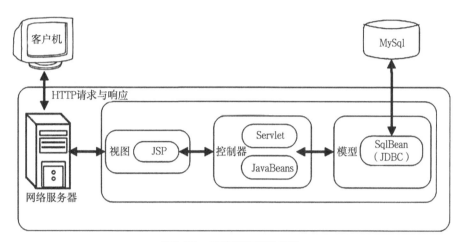

图8-25 系统结构总体设计

(2)用户登录。用户登录如图 8-26 所示。

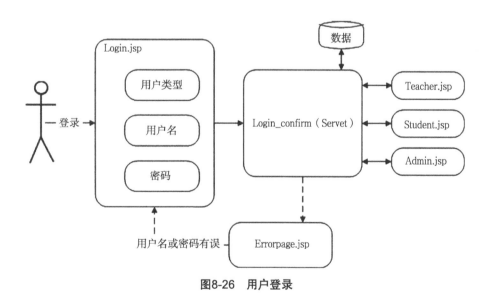

图8-26 用户登录

(3)学生登录。学生登录如图 8-27 所示。学生登录后,即可完成学生模块对应的功能。

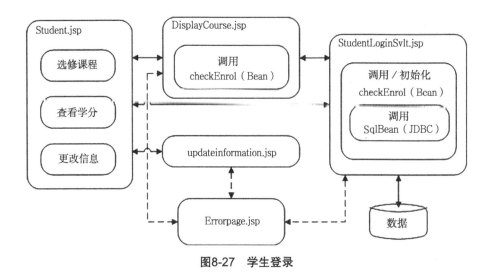

图8-27 学生登录

（4）教师登录。教师登录如图 8-28 所示。教师登录后，即可完成教师模块对应的功能。

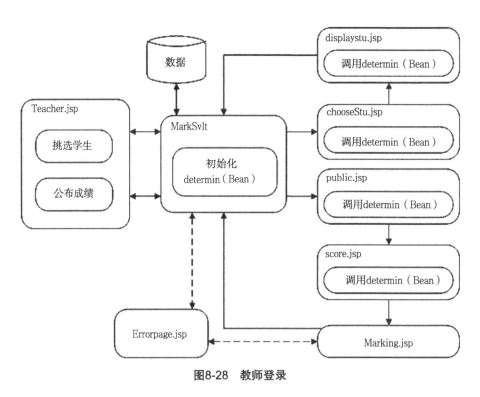

图8-28 教师登录

（5）管理员登录。管理员登录如图 8-29 所示。管理员登录后，即可完成管理员模块对应的功能。

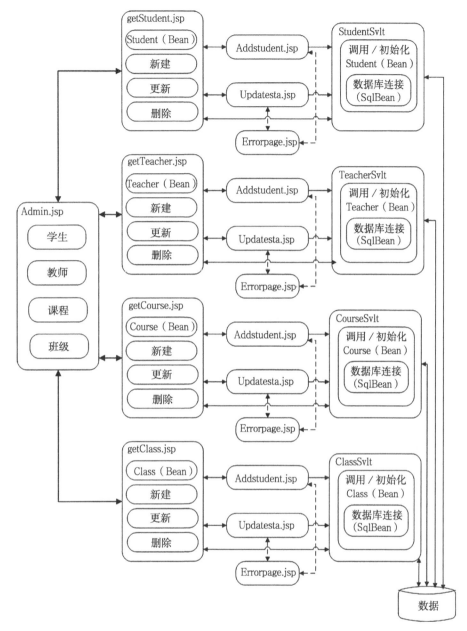

图8-29 管理员登录

实例 15 数据库设计

大多数商业应用程序的核心都是数据库。本程序使用 MySql 数据库。

1. 创建数据库

在项目七中,我们了解过在 MySql 中如何建表。下面实践一次:我们用 MySql 管理工具 SQLyog,首先来建立一个数据库,它的名称为 Class_DB。

- Step01：右击 root@localhost，选择 Create Database，如图 8-30 所示。

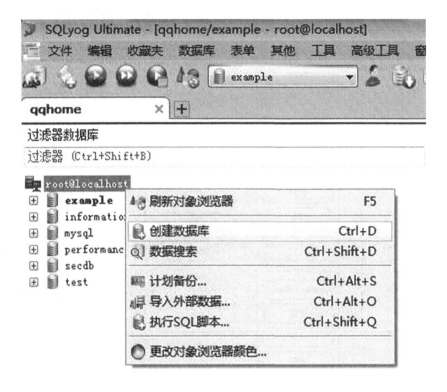

图8-30　创建数据库1

- Step02：建立数据库 Class_DB，如图 8-31 所示。

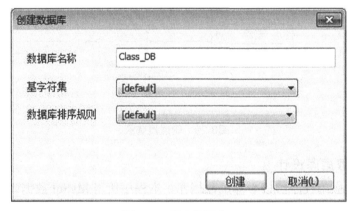

图8-31　创建数据库2

2. 数据表设计

为了满足系统的需要,本例总共建立 admin、student、classes、course、enrol、teacher 等

6张数据表。建数据表的方法,还是使用上面建库的工具,首先确认此工具已成功连接到数据库服务器上,选中Class_DB 数据库,然后右击,在弹出的菜单中选择"Create Table In The Databas",如图 8-32 所示。

图8-32 创建数据表1

接下来开始建表,依此方法,我们建完系统所需用的各张数据表,窗口显示如图 8-33 所示。

图8-33 创建数据表2

最后在 admin 数据表中增加一条数据,其操作窗口如下:选择 Insert/Update data...,就可以插入数据了,如图 8-34 所示。

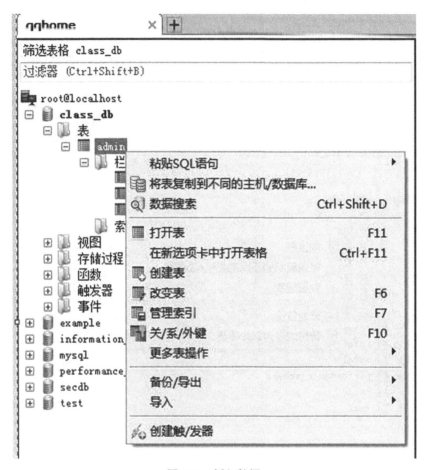

图8-34 插入数据

下面是各个数据表的结构以及说明。各张数据表之间的关系结构如图 8-35 所示（注：生成图是基于 SQL Server 的）。

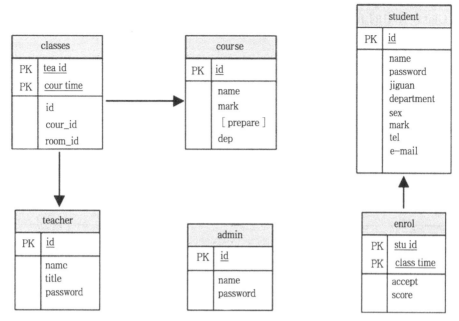

图8-35 数据表之间的关系结构图

（1）admin 表。此表用来存储所有管理员的信息，包括管理员编号、用户名和密码三个字段。每个管理员登录本系统后都可以创建其他的管理员。

（2）student 表。此表用来存储学生的基本信息，只能由系统操作管理，其中包括学生编号、姓名、密码、学生籍贯、所在系别、性别、学分、电话号码、E-mail 几个字段。

（3）classes 表。此表用来存储学生上课的基本信息，只能由其中包括班级号、教师id、课程、教室 id、上课时间几个字段。

（4）course 表。此表用来存储课程的基本信息，其中包括课程号、课程名、学分、选修课、系别几个字段。

（5）enrol 表。此表用来存储选报该课程的学生的基本信息，其中包括学生编号、课程、密码、是否接受、成绩几个字段。

（6）teacher 表。此表用来存储教师的基本信息，只能由系统操作管理，其中包括教师编号、姓名、标题、密码几个字段。

3. 建立数据库连接

数据库作为应用系统的核心，在建立之后要和前台应用程序建立连接才能发挥它的作用。JSP 程序通过 JDBC 来连接和操作数据库。JDBC 是一组 API，可以协助编程人员轻松地处理程序与数据库之间的连接和操作动作。

进行数据库连接时，需要使用 java.Sql 的类。在正式连接数据库时，首先必须使用

java.Sql.Class 类中的 forName()方法加载驱动程序类，语法如下：

```
Class.forName(String 驱动程序描述);
```

对于 MySql 数据库，使用如下语句加载驱动程序类：

```
Class.forName("org.gjt.mm.MySql.Driver").newInstance();  //重载数据库驱动
```

加载驱动程序类后，就可以使用 DriverManager 类来打开数据库连接，其语法如下：

```
Connection 连接对象 = DriverManager.getConnection(String 数据库名称, String 用户名称, String 用户密码);
```

对于 MySql 数据库，一个示例如下：

```
String URL = "jdbc:MySql:/localhost/class_DB?user = root&password = &useUnicode = true&characterEncoding = 8859_1" ;//数据库连接字符串
// about 为你的数据表名
Connection conn = DriverManager.getConnection(URL);
```

关闭数据库连接使用权连接对象的 close()方法，其语法如下：

```
连接对象.close();
```

4. 安全策略

本例用两个方法来加强应用系统的安全性。首先使用 session 限制未经登录的访问。当用户从登录界面登录，JSP 程序进行用户名和密码的检查后，如果数据符合，则成功登录，将用户的 id 值写到 session 对象中，对以后的页面都会检查 session 对象保存的数据，从而判断用户是否可浏览页面，以达到安全控制的目的。如果检查失败，则都会导向登录界面，要求用户重新登录。

实例 16 数据库操作公用模块

接下来，我们将介绍学生课绩管理系统各个模块的开发过程，本节先从数据库操作公用模块开始介绍。

1. 公用数据库操作类

JavaBeans 是一种基于 Java 的软件组件，JSP 对于在 Web 应用中集成 JavaBeans 组件提供了完善的支持。这种支持不仅能缩短开发时间（可以直接利用通过测试可信任的已有组件，避免重复开发），也为 JSP 应用带来了更多的可伸缩性。JavaBeans 组件可以用来执行复杂的计算任务。在本例中，我们通过 JavaBeans 读取配置文件（jdbcSql.

proerties）连接数据库，文件名为 SqlBean.java，代码详细说明如下：

```java
//用在 JSP 网页的数据库桥接 Bean
import java.io.*;
import java.Sql.*;
public class SqlBean {///
    //变量初始化
    public Connection conn = null; //数据库连接
    public ResultSet rs = null; //记录集
    //重载数据库驱动
    private String DatabaseDriver = "org.gjt.mm.MySql.Driver";
    //DataSource 数据源名称 DSN
    private String DatabaseConnStr = "jdbc:MySql:/localhost/class_DB?user =
        root&password = &useUnicode = true&characterEncding = 8859_1" ;
    //定义方法
    /*setXXX 用于设置属性值;getXXX 用于得到属性值*/
    public void setDatabaseDriver(String Driver) {
        this.DatabaseDriver = Driver;
    }
    public String getDatabaseDriver() {
        return(this.DatabaseDriver);
    }
    public void setDatabaseConnStr(String ConnStr) {
        this.DatabaseConnStr = ConnStr;
    }
    public String getDatabaseConnStr() {
        return(this.DatabaseConnStr);
    }
    public SqlBean() {/////构造函数
        try {
            Class.forName(DatabaseDriver).newInstance(); //注册数据库驱动程序
        }
        catch(Exception e) { //输出结果，方便调试
            System.err.println("加载驱动器有错误:"+e.getMessage());
            System.out.print("执行插入有错误:"+e.gctMessage());//输出到客户端
        }
    }
    //执行插入数据库操作
    public int executeInsert(String Sql) {
        int num = 0;
        try {
            conn = DriverManager.getConnection(DatabaseConnStr);//创建数据库连接
            Statement stmt = conn.createStatement(); //创建 JDBC 声明
            num = stmt.executeUpdate(Sql); //执行指令
        }catch(SQLException ex) {
            System.err.println("执行插入有错误:"+ex.getMessage() );
            System.out.print("执行插入有错误:"+ex.getMessage());//输出到客户端
        }
        CloseDataBase();//关闭连接
        return num; //返回结果
    }
    // 入口参数为 Sql 语句，返回 ResultSet 对象
    public ResultSet executeQuery(String Sql) {
        rs = null;
```

```
            try {
                conn = DriverManager.getConnection(DatabaseConnStr);//创建数据库连接
                Statement stmt = conn.createStatement( ); //创建 JDBC 声明
                rs = stmt.executeQuery(Sql); //执行查询命令
            }catch(SQLException ex) {
                System.err.println("执行查询有错误:"+ex.getMessage() );
                System.out.print("执行查询有错误:"+ex.getMessage()); //输出到客户端
            }
            return rs; //获得查询结果
        }
        //增加、删除数据记录的操作
        public int executeDelete(String Sql) {
            int num = 0;
            try {
                conn = DriverManager.getConnection(DatabaseConnStr);//创建数据库连接
                Statement stmt = conn.createStatement( ); //创建一个 JDBC 声明
                num = stmt.executeUpdate(Sql); //执行指令
            }catch(SQLException ex) {
                System.err.println("执行删除有错误:"+ex.getMessage() );
                System.out.print("执行删除有错误:"+ex.getMessage()); //输出到客户端
            }
            CloseDataBase();//关闭连接
            return num; //返回结果
        }
        //关闭数据库连接
        public void CloseDataBase() {
            try {
                conn.close();//关闭连接
            }catch(Exception end) {
              System.err.println("执行关闭 Connection 对象有错误："+end.getMessage( ) );
              System.out.print("执行关闭 Connection 对象有错误："+
                  end.getMessage()); //输出到客户端
            }
        }
    }
```

2. 公用入口

学生、教师、管理员登录本系统时见到的第一个页面是进入系统的必经接口。在登录页面(login.jsp)中，如图 8-36 所示，提供给系统登录的用户 id 和密码，然后提交到 servlet：login_confirm 中去进行用户名与密码的校验。相应的 Servlet 配置如下：

```
<servlet>
    <servlet-name>login_confirm</servlet-name> //引用的名字
    <servlet-class>login_confirm</servlet-class>//指向的 JavaBean 类
</servlet>
<servlet-mapping>
    <url-pattern>/login_confirm</url-pattern>//引用的路径
    <servlet-name>login_confirm</servlet-name>//引用的名字
</servlet-mapping>
```

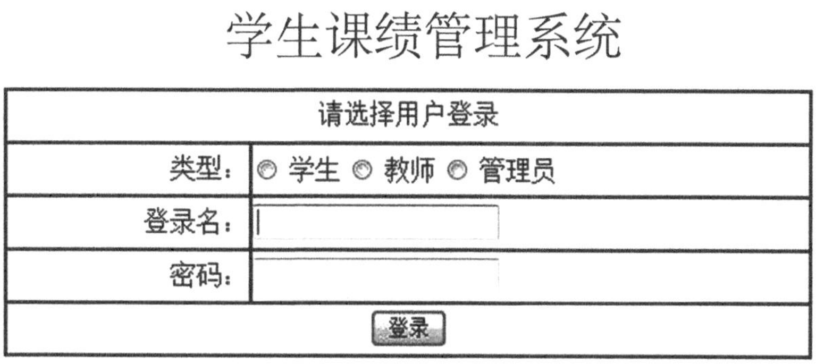

学生课绩管理系统

图8-36 用户登录页面

在登录页面中,我们用 JavaScript 创建一个数据检查函数 isValid()来检查用户录入信息是否完整。这样可以把一部分检测工作放在客户端来执行,可降低服务器的负担。下面给出这段程序的代码。

```
<SCRIPT Language = javascript>
<!--
//下面的副程序将执行资料检查
function isValid() {
    //下面的 if 判断语句将检查是否输入登录(账号 id)资料
    if(frmLogin.id.value == "") {
        window.alert("您必须完成账号的输入!");//显示错误信息
        document.frmLogin.elements(0).focus();//将光标移至账号输入栏
        return false;
    }
    //下面的 if 判断语句将检查是否输入(账号 id)密码
    if(frmLogin.password.value == "") {
        window.alert("您必须完成密码的输入!");//显示错误信息
        document.frmLogin.elements(1).focus();//将光标移至密码输入栏
        return false; //离开函数
    }
    frmLogin.submit(); //送出表单中的资料
}
-->
</SCRIPT>
```

相应在 login.jsp 代码中修改如下:<form name="frmLogin" method="post"action= "http://localhost: 8080/myapp/login_confirm" onSubmit="return isValid(this);">。这样当用户提交当前网页的内容时,就会自动检查这个 JavaScript 来进行判断了。

登录页面 login.jsp 程序不包含和数据库的交互操作,因为主要代码为 HTML 和 JavaScript,代码如下所示:

```
<%@ page contentType = "text/html; charset = gb2312" language = "java"
import = "java.Sql.*" errorPage = "errorpage.jsp" %>
<html>
```

```html
<head>
<STYLE>A.menuitem {
    COLOR: menutext; TEXT-DECORATION: none
}
A.menuitem:hover {
    COLOR: highlighttext; BACKGROUND-COLOR: highlight
}
DIV.contextmenu {
    BORDER-RIGHT: 2px outset; BORDER-TOP: 2px outset; Z-INDEX: 999;
    VISIBILITY: hidden; BORDER-LEFT: 2px outset; BORDER-BOTTOM: 2px outset;
    POSITION: absolute; BACKGROUND-COLOR: buttonface
}
</STYLE>
<SCRIPT language = JavaScript>
function Year_Month() {
    var now = new Date();
    var yy = now.getYear();
    var mm = now.getMonth()+1;
    var cl = '<font color = "#0000df">';
    if(now.getDay() == 0) cl = '<font color = "#c00000">';
    if(now.getDay() == 6) cl = '<font color = "#00c000">';
    return(cl + yy + '年' + mm + '月</font>');
}
function Date_of_Today() {
    var now = new Date();
    var cl = '<font color = "#ff0000">';
    if(now.getDay() == 0) cl = '<font color = "#c00000">';
    if(now.getDay() == 6) cl = '<font color = "#00c000">';
    return(cl + now.getDate() + '</font>');
}
function Day_of_Today() {
    var day = new Array();
    day[0] = "星期日";
    day[1] = "星期一";
    day[2] = "星期二";
    day[3] = "星期三";
    day[4] = "星期四";
    day[5] = "星期五";
    day[6] = "星期六";
    var now = new Date();
    var cl = '<font color = "#0000df">';
    if(now.getDay() == 0) cl = '<font color = "#c00000">';
    if(now.getDay() == 6) cl = '<font color = "#00c000">';
    return(cl + day[now.getDay()] + '</font>');
}
function CurentTime() {
    var now = new Date();
    var hh = now.getHours();
    var mm = now.getMinutes();
    var ss = now.getTime() % 60000;
    ss = (ss -(ss % 1000)) / 1000;
    var clock = hh+':';
    if(mm < 10) clock += '0';
    clock += mm+':';
    if(ss < 10) clock += '0';
```

```
        clock += ss;
        return(clock);
}
function refreshCalendarClock() {
    document.all.calendarClock1.innerHTML = Year_Month();
    document.all.calendarClock2.innerHTML = Date_of_Today();
    document.all.calendarClock3.innerHTML = Day_of_Today();
    document.all.calendarClock4.innerHTML = CurentTime();
}
var webUrl = webUrl;
document.write('<table border = "0" cellpadding = "0"cellspacing = "0"><tr><td>');
document.write('<table id = "CalendarClockFreeCode" border = "0" cellpadding = "0"
    cellspacing = "0" width = "60" height = "70" ');
document.write('style = "position:absolute;visibility:hidden"bgcolor = "#eeeeee">');
document.write('<tr><td align = "center"><font ');
    document.write('style = "cursor:hand;color:#ff0000;font-family:宋体;font-size:14pt; line-
        height:120%" ');
if(webUrl != 'netflower') {
    document.write('</td></tr><tr><td align = "center"><font ');
    document.write('style = "cursor:hand;color:#2000ff;font-family:宋体;font-size:9pt;line-
        height:110%" ');
}
document.write('</td></tr></table>');
    document.write('<table border = "0" cellpadding = "0" cellspacing = "0" width = "61"
        bgcolor = "#C0C0C0" height = "70">');
document.write('<tr><td valign = "top" width = "100%" height = "100%">');
    document.write('<table border = "1" cellpadding = "0" cellspacing = "0" width = "58"
        bgcolor = "#FEFEEF" height = "67">');
document.write('<tr><td align = "center" width = "100%" height = "100%" >');
    document.write('<font id = "calendarClock1" style = "font-family:宋体;font-size:7pt;line-
        height:120%"> </font><br>');
    document.write('<font id = "calendarClock2" style = "color:#ff0000;font-family:Arial;
        font-size:14pt;line-height:120%"> </font><br>');
    document.write('<font id = "calendarClock3" style = "font-family:宋体;font-size:9pt;line-
        height:120%"> </font><br>');
    document.write('<font id = "calendarClock4"style = "color:#100080;font-family:宋体;font
        -size:8pt;line-height:120%"><b> </b></font>');
document.write('</td></tr></table>');
document.write('</td></tr></table>');
document.write('</td></tr></table>');
setInterval('refreshCalendarClock()',1000);
</SCRIPT>
<script language = "javascript">
<!--
function makearray(size) {
    this.length = size;
    for(i = 1;i< = size;i++) {
        this[i] = 0
    }
    return this;
}
msg = new makearray(3)
msg[1] = "你好,欢迎使用学生课绩管理系统!!!"
msg[2] = "请您选择用户类型,输入正确的用户名,密码!!";
msg[3] = "谢谢您的使用!!!"
interval = 100;
```

```
seq = 0;
i = 1;
function Scroll() {
    document.tmForm.tmText.value = msg[i].substring(0, seq+1);
    seq++;
    If( seq >= msg[i].length ) { seq = 0 ;i++;interval = 900};
    if(i>3) {i = 1};
    window.setTimeout("Scroll();", interval );interval = 100} ;
//-->
</script>
<meta http-equiv = "Content-Type" content = "text/html; charset = gb2312";charset =
    gb2312">
<title>登录</title>
<SCRIPT Language = javascript>
<!--
//下面的副程序将执行资料检查
function isValid() {
    //下面的if判断语句将检查是否输入登录（账号id）资料
    if(frmLogin.id.value == "") {
        window.alert("您必须完成账号的输入!");//显示错误信息
        document.frmLogin.elements(0).focus();//将光标移至账号输入栏
        return false;
    }
    //下面的if判断语句将检查是否输入（账号id）密码
    if(frmLogin.password.value == "") {
        window.alert("您必须完成密码的输入!");//显示错误信息
        document.frmLogin.elements(1).focus();//将光标移至密码输入栏
        return false; //离开函数
    }
    frmLogin.submit(); //送出表单中的资料
}
-->
</SCRIPT>
<body bgcolor = "#0099FF" OnLoad = "Scroll()">
<form name = "tmForm">
    <input type = "Text" name = "tmText" size = "40">
</form>
<p>
<%
    String getmessage = (String) session.getAttribute("error");
    if(getmessage == null) {getmessage = "";}
%>
<p1><font color = "red"><% = getmessage%></font></p1></p>
    <p align = "center"><font color = "#33FF00" size = "+4" face = 华文行楷">学生课
        绩管理系统</font></p>
    <form name = "frmLogin" method = "post" action =
        "http://localhost:8080/myapp/login_confirm" onSubmit = "return isValid(this);">
<p>
<div align = "center">
<table width = "47%" height = "232" border = 1 align = "center" >
<tr>
    <td height = "44" colspan = "2">
        <div align = "center"><font color = "#FFFFFF" size = "+2" face = "华文行楷">请你
            输入</font></div>
    </td>
```

```
</tr>
<tr >
    <td><div align = "center"><font color = "#FFFFFF"><strong>用户</strong></font>
        <font color = "#FFFFFF"><strong>：</strong></font></div></td>
    <td><input name = "kind" type = "radio" value = "student" checked >
    <font color = "#FFFFFF" size = "+2" face = "华文行楷">学生</font>
    <input type = "radio" name = "kind" value = "teacher">
    <font color = "#FFFFFF" size = "+2" face = "华文行楷"> 教师</font>
    <input type = "radio" name = "kind" value = "admin">
    <font color = "#FFFFFF" size = "+2" face = "华文行楷">管理员</font></td>
</tr>
<tr >
    <td width = "27%"><div align = "center"><strong><font color = "#FFFFFF">
        登录名</font>
    <font color = "#FFFFFF">：</font></strong></div></td>
    <td width = "73%"><input name = "id" type = "text" id = "id" size = "20"
        maxlength = "20"></td>
</tr>
<tr>
    <td><div align = "center"><strong> <font color = "#FFFFFF">密码：
    </font></strong></div></td>
    <td><input name = "password" type = "password" id = "password" size = "8"
        maxlength = "8">
    </td>
</tr>
<tr >
    <td colspan = "2"><div align = "center">
    <input type = "submit" name = "Submit" value = "登录">
    </div></td>
</tr>
</table>
<table>
</table>
</div>
</form>
</body>
</html>
```

3. 用户登录信息验证页面

对用户登录信息进行验证的页面在 JavaBean：login_confirm.java 中，如果用户存在并且密码正确,则显示当前用户可操作的功能。当以学生的身份登录时,窗口如图 8-37 所示。

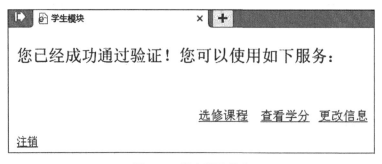

图8-37 学生登录成功

当以教师的身份登录时,窗口如图 8-38 所示。

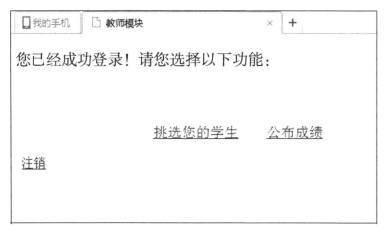

图8-38 教师登录成功

当以管理员的身份登录时,窗口如图 8-39 所示。

图8-39 管理员登录成功

这个 Servlet 名叫 login_confirm.java 的文件实现用户的登录认证功能,login_confirm.java 接收从 login.jsp 中 post 过来的用户 id 和密码,并依据这两个参数判断数据库中是否有该用户的信息存在。若存在,则显示登录成功后的不同的界面;若不存在这个用户信息或密码错误,则提示出错。并返回登录认证页面。login_confirm.java 的代码如下：

```java
package cla;
import java.io.*;
import java.Sql.*;
import javax.servlet.*;
import javax.servlet.http.*;
/**
 * 判断用户认证信息
 * @author fzlhx  */
public class login_confirm extends HttpServlet {
    public void doPost(HttpServletRequest req, HttpServletResponse res) throws
    ServletException, IOException {
        String message = null;
        String id = null;
        id = req.getParameter("id");
        HttpSession session = req.getSession(true);
        //把用户 id 保存到 Session 中，这样可以在别的页面中得到当前登录信息
        session.setAttribute("id", String.valueOf(id));
        String password = null;
        //获得从页面中提交的信息
        password = req.getParameter("password");
        String kind = null;
        kind = req.getParameter("kind");
        //根据当前用户的 id，来得到查询数据库密码
        String temp = getPassword(req, res, id, kind);
        if(password.equals(temp))
            //当用户的认证通过后，通过此函数来跳转到不同的显示页面
            goo(req, res, kind);
        else {
            message = "用户名或密码有误！";
            //当出错时，把出错信息显示给用户，并跳转到出错页面中去
            doError(req, res, message);
        }
    }
/**
 * 当用户的认证通过后，通过此函数来跳转到不同的显示页面*/
    public void goo(HttpServletRequest req, HttpServletResponse res,String kind) throws
    ServletException, IOException {
        if(kind.equals("student")) {//如果是学生登录
            RequestDispatcher rd = getServletContext().getRequestDispatcher("/student.jsp");
            rd.forward(req, res);
        }
        if(kind.equals("teacher")) {//如果是教师登录
            RequestDispatcher rd = getServletContext().getRequestDispatcher("/teacher.jsp");
            rd.forward(req, res);
        }
        if(kind.equals("admin")) {//如果是管理员登录
            RequestDispatcher rd = getServletContext().getRequestDispatcher("/admin.jsp");
            rd.forward(req, res);
        }
    }
/**
 * 根据当前用户的 id，来查询数据库得到密码*/
    public String getPassword(HttpServletRequest req,HttpServletResponse res,String id,
```

```
    String kind) throws ServletException,IOException {
        SqlBean db = new SqlBean();
        String pw = "";
        String Sql = "select password from " + kind + " where id = '" + id +"'";
        try {
            ResultSet rs = db.executeQuery(Sql);
            if(rs.next() {
                pw = rs.getString("password");
            }
        } catch(Exception e) {
            System.out.print(e.toString( ));
        }
        return pw;
    }
/**
* 当出错时，把出错信息显示给用户，并跳转到出错页面中去*/
    public void doError(HttpServletRequest req, HttpServletResponse res, String str)
        throws ServletException, IOException {
        req.setAttribute("problem", str);
        RequestDispatcher rd = getServletContext().getRequestDispatcher("/errorpage.jsp");
        rd.forward(req, res);
    }
    public void doGet(HttpServletRequest req, HttpServletResponse res) throws
        ServletException, IOException {
        String action = action = req.getParameter("action");
        if("logout".equalsIgnoreCase(action)) {
            HttpSession session = req.getSession(true);
            session.invalidate();
            RequestDispatcher rd = getServletContext().getRequestDispatcher
            ("/login.jsp");
            rd.forward(req, res);
        }
    }
}
```

实例 17　学生模块

学生成功登录后的界面如图 8-40 所示。该界面是学生在系统中所拥有的权限的入口，共包括三个功能：选修课程、查看学分、更改个人信息。

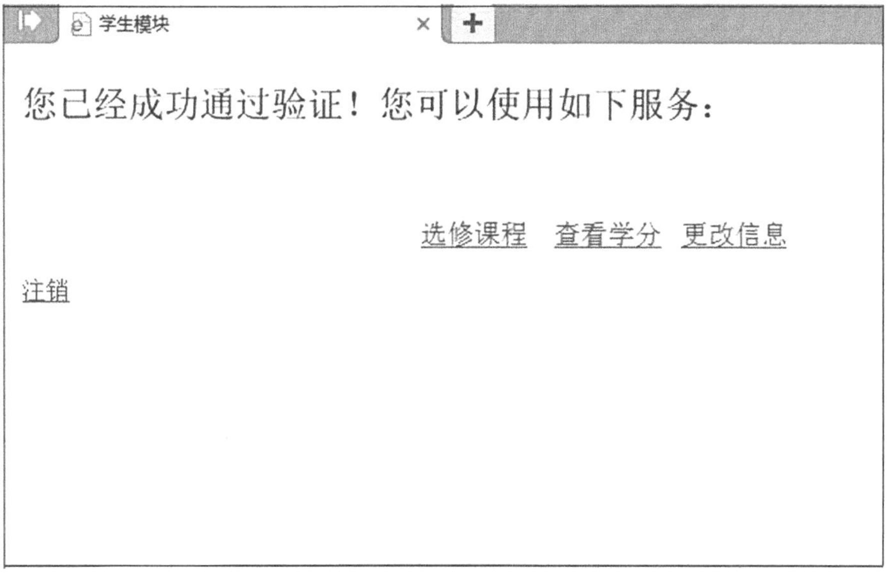

图8-40 学生登录界面

下面分别对这三个功能进行讲解。该部分文件包括：

- student.jsp：成功登录后的页面。

- DisplayCourse.jsp：选修课程页面。

- checkmark.jsp：查看学分页面。

- updateinformation.jsp：更改个人信息页面。

student.jsp 程序的代码如下：

```
<!--用 page 指令定义脚本-->
<!--设定输出格式-->
<%@ page contentType = "text/html; charset = gb2312" language = "java" import = "java.
    Sql.* " errorPage = "errorpage.jsp" %>
<html>
<head>
    <meta http-equiv = "Content-Type" content = "text/html; charset = gb2312">
</head>
<body bgcolor = "#0099FF" text = "#00FF00" link = "#CCFF00">
<p>
<%
String id = (String)session.getAttribute("id");
//if(stu_id == null) {response.sendRedirect("login.jsp");}
%>
<font size = "+2"face = "华文行楷">您已经成功通过验证!您可以使用如下服务:
    </font>
</p>
<p> </p>
<table width = "58%" border = "0" align = "center">
<tr>
    <td><a href = "DisplayCourse.jsp">选修课程</a></td>
```

```
        <td><a href = "StudentLoginSvlt?id = <% = id%>&action = checkmark">查看学分
            </a></td>
        <td><a href = "updateinformation.jsp">更改信息</a></td>
</tr>
</table>
<p> </p><p> </p><p><a href = "login_confirm?action = logout">&lt;&lt;注销
    </a></p>
</body>
</html>
```

1. 选修课程

选修课程页面 DisplayCourse.jsp 的功能是根据当前学生显示可供当前登录的学生选择的课程，如图 8-41 所示。

图8-41　选修课程页面

DisplayCourse.jsp 程序的代码如下：

```
<!--用 page 指令定义脚本-->
<!--设定输出格式-->
<%@ page contentType = "text/html; charset = gb2312" language = "java" import = "java.
    Sql.* " errorPage = "errorpage.jsp" %>
<html>
<head>
<meta http-equiv = "Content-Type" content = "text/html;
charset = gb2312"><title>选报课程</title>
</head>
<jsp:useBean id = "check" scope = "page" class = "cla.checkEnrol"/>
<body bgcolor = "#0099FF" text = "#FFFFFF" link = "#00FF00" >
<p align = "center"><font color = "#00FF00" size = "+3" face = "方正舒体">您可以选报
    的课程为</font></p>
<table border = "1" align = "center">
<tr>
    <td width = "54">课程号</td>
```

```html
            <td width = "54">课程名</td>
            <td width = "57">选修课</td>
            <td width = "58">系别</td>
            <td width = "59">班级号</td>
            <td width = "69">教室号</td>
            <td width = "88">上课时间</td>
            <td width = "88">教师</td>
            <td width = "83">选择</td>
</tr>
<p>
<!--根据 id 值, 调用 JavaBean 的查询数据库的方法, 从而得到数据库 ResultSet 类型的结果集
-->
<%
String id = (String)session.getAttribute("id");
String cour_id,name,dep,prepare,class_id,room_id,cour_time;
String tea_name = null;
ResultSet rs = null;
//调用 JavaBean getCourse()方法, 并把 id 值传进去
rs = check.getCourse(id);
while(rs.next()) {
    cour_id = rs.getString("id");
    name = rs.getString("name");
    prepare = rs.getString("prepare");
    dep = rs.getString("dep");
    class_id = rs.getString("class_id");
    room_id = rs.getString("room_id");
    cour_time = rs.getString("cour_time");
    tea_name = rs.getString("tea_name");
%>
    <!--输出结果给用户-->
    <tr>
        <td><% = cour_id%></td>
        <td><% = name%></td>
        <td><% = prepare%></td>
        <td><% = dep%></td>
        <td><% = class_id%></td>
        <td><% = room_id%></td>
        <td><% = cour_time%></td>
        <td><% = tea_name%></td>
        <td><a href = "StudentLoginSvlt?action = enrol&id = <% = id%>&cour_id =
          <% = cour_id%>&class_id = <% = class_id%>&prepare =
           <% = prepare%> ">注册</a></td>
    </tr>
    <%
}
%>
</table>
<p> </p>
<p><a href = "student.jsp"></p> &lt;&lt;Back </a> </p>
</body>
</html>
```

2. 查看学分

查看学分页面 checkmark.jsp 的功能是根据当前学生显示学生所选修课程的成绩, 如

图 8-42 所示。

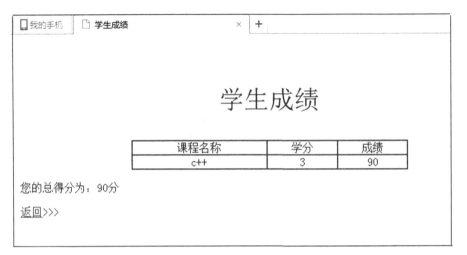

图8-42 查看学分页面

checkmark.jsp 程序的代码如下：

```
<!--用 page 指令定义脚本-->
<!--设定输出格式-->
<%@ page contentType = "text/html; charset = gb2312" language = "java"
import = "java.Sql.*" errorPage = "errorpage.jsp" %>
<html>
<jsp:useBean id = "check" scope = "page" class = "cla.checkEnrol"/>
<body bgcolor = "#0099FF" text = "#FFFFFF">
<p align = "center"><font color = "#00FF00" size = "+3" face = "华文行楷">学生成绩
    </font></p>
<p> </p>
<table width = "463" border = "1" align = "center">
<tr>
    <td width = "207" height = "34">课程</td>
    <td width = "85">学分</td><td width = "149">成绩</td>
</tr>
<%
String stu_id = (String)session.getAttribute("id");
if(stu_id == null) {response.sendRedirect("login.jsp");}
String score,name;
int mark = 0;
<!--根据 id 值，调用 JavaBean 的查询数据库的方法，从而得到数据库结果-->
ResultSet rs = (ResultSet) request.getAttribute("rs");
while(rs.next()) {
    score = rs.getString("score");
    name = rs.getString("name");
    mark = rs.getInt("mark");
    if(score.equals("0") )
        score = "成绩未给出";
%>
<tr>
```

```
        <tdheight = "34"><% = name%></td><td><% = mark%></td><td><% = score%></td>
    </tr>
<%
}
%>
</table>
<%
    String temp = check.getTotalMark(stu_id);
%>
您的总得分为：<% = temp%>
<p><a href = "student.jsp">&lt;&lt;<strong>Back</strong></a></p>
</body>
</html>
```

3. 更改个人信息

更改个人信息页面 updateinformation.jsp 的功能是学生登录后修改个人信息，如图 8-43 所示。

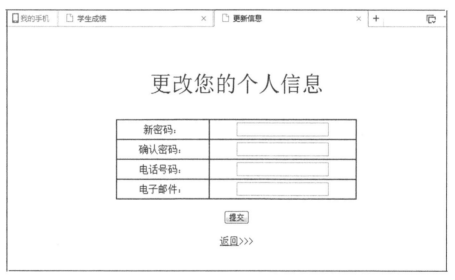

图8-43　更改个人信息页面

updateinformation.jsp 程序的代码如下：

```
<!--用 page 指令定义脚本-->
<!--设定输出格式-->
<%@ page contentType = "text/html; charset = gb2312" language = "java"
import = "java.Sql.*" errorPage = "errorpage" %>
<html>
<head>
<meta http-equiv = "Content-Type" content = "text/html; charset = gb2312">
<title>更新信息</title>
</head>
<body bgcolor = "#0099FF" text = "#FFFFFF">
```

```
<div align = "center">
<p>
< !--获得用户 id-->
<%
String stu_id = (String)session.getAttribute("id");
if(stu_id == null) {response.sendRedirect("login.jsp");}
%>
<font color = "#00FF00" size = "+3" face = "方正舒体">更改您的个人信息</font></p>
<p>  </p>
</div>
< !--获得页面提交的信息，并 post 到 StudentLoginSvlt 中去-->
<form name = "form1" method = "post" action = "StudentLoginSvlt">
<input type = "hidden" name = "action" value = "update">
<input type = "hidden" name = "id" value = "<% = stu_id%>">
<table width = "55%" border = "1" align = "center">
<tr>
  <td>新密码：</td>
  <td><input name = "password1" type = "password" id = "password1"></td>
</tr>
<tr>
  <td width = "42%">确认：</td>
  <td width = "58%"> <input name = "password2" type = "password" id = "password2" >
  </td>
</tr>
<tr>
  <td>电话：</td>
  <td> <input name = "tel" type = "text" id = "tel2"> </td>
</tr>
<tr>
  <td>E_mail:</td>
  <td> <input name = "e_mail" type = "text" > </td>
</tr>
</table>
<p align = "center">
<label></label>
</p>
<p align = "center"> </p>
<p align = "center">
<input type = "submit" name = "Submit" value = "提交">
</p>
</form>
<a href = "/myapp/student.jsp">&lt;&lt;Back </a>
</body>
</html>
```

4. 封装学生信息业务处理 Servlet 类

上面三个功能（选修课程、查看学分、更改个人信息）共用一个 Servlet 类。其源程序如下：

```
package cla;
import java.io.*;
import java.Sql.ResultSet;
import java.Sql.*;
```

```java
import javax.servlet.*;
import javax.servlet.http.*;
/**
* 用户模块功能的操作 Servlet，它包括选修课程、查看学分、更新个人信息
*
* @author fzlhx
*
*/
public class StudentLoginSvlt extends HttpServlet {
    public void doGet(HttpServletRequest req, HttpServletResponse res) throws
        ServletException, IOException {
        String stu_id = req.getParameter("id");
        String cour_id = req.getParameter("cour_id");
        String class_id = req.getParameter("class_id");
        String prepare = req.getParameter("prepare");
        String pw1 = null;
        String pw2 = null;
        String e_mail = null;
        String tel = null;
        String action = req.getParameter("action");//获得用户提交来的操作
        ResultSet rs = null;
        // 更新学生的信息
        if("update".equalsIgnoreCase(action)) {
            stu_id = req.getParameter("id");
            pw1 = req.getParameter("password1");
            pw2 = req.getParameter("password2");
            if(pw1.equals("") || pw2.equals("") || pw1 == null || pw2 == null) {
                doError(req, res, "密码不能为空！");
                e_mail = req.getParameter("e_mail");
                tel = req.getParameter("tel");
                doUpdate(req, res, pw1, pw2, e_mail, tel, stu_id);
                res.sendRedirect("/myapp/student.jsp");
            }
            // 查看学生的学分
            if("checkmark".equalsIgnoreCase(action)) {
                rs = getScore(stu_id);
                sendResultSet(req, res, rs, "/checkmark.jsp");
            }
            // 选修课程
            if("enrol".equalsIgnoreCase(action)) {
                doEnrol(req, res, stu_id, cour_id, class_id, prepare);
                res.sendRedirect("/DisplayCourse.jsp");
            }
        }
    }
/**
* 选修课程*/
    public void doEnrol(HttpServletRequest req, HttpServletResponse res,String stu_id,
        String cour_id, String class_id, String prepare) throws ServletException,
        IOException {
        int num = 0;
        checkEnrol check = new checkEnrol();
        if(prepare.equals("0")) {
            num = check.enrol(class_id, stu_id);
        } else {
            if(check.hasPassPrepare(prepare)) {
                num = check.enrol(class_id, stu_id);
```

```java
                } else
                    doError(req, res, "请先完成预修课");
            }
            if(num == 0) {
                doError(req, res, "注册课程失败！！");
            }
        }
/**
* 更新学生的信息*/
    public void doUpdate(HttpServletRequest req, HttpServletResponse res, String pw1,
        String pw2, String e_mail, String tel, String id) throws ServletException,
        IOException   {
        int num = 0;
        if(!pw1.equals(pw2))
            doError(req, res, "密码不一致，请重输！");
            checkEnrol check = new checkEnrol();
            SqlBean db = new SqlBean();
            num = check.updatestu(pw1, id, e_mail, tel);
            if(num == 0)
                doError(req, res, "更新失败");
        }
/**
* 获得学生的学分*/
    public ResultSet getScore(String stu_id) {
        String Sql = "select enrol.score , course.name ,course.mark " + "from enrol ,
            course ,classes " + "where stu_id = '" + stu_id + "' " +
            "and enrol.class_id =classes.id " + "and classes.cour_id = course.id ";
        SqlBean db = new SqlBean();
        ResultSet rs = db.executeQuery(Sql);
        return rs;
    }
/**
* 显示出错明细*/
    public void doError(HttpServletRequest req, HttpServletResponse res, String str) throws
        ServletException, IOException {
        req.setAttribute("problem", str);
        RequestDispatcher rd = getServletContext().getRequestDispatcher("/myapp/
            errorpage.jsp");
        rd.forward(req, res);
    }
/**
* 获得学生的学分并显示给用户*/
    public void sendResultSet(HttpServletRequest req, HttpServletResponse res,
        java.Sql.ResultSet rs, String target) throws ServletException,IOException {
        req.setAttribute("rs", rs);
        RequestDispatcher rd = getServletContext().getRequestDispatcher(target);
        rd.forward(req, res);
    }
    public void doPost(HttpServletRequest req, HttpServletResponse res) throws
        ServletException, IOException   {
        doGet(req, res);
    }
}
```

至此，前台的用户登录、学生模块均已设计完毕。这些也都是最终展现给学生的界面信息。

实例18　教师模块

下面将介绍教师模块，其功能主要是挑选学生、公布学生成绩等功能。

教师成功登录后的界面如图8-44所示，该界面是教师在这个系统中所拥有的权限的入口，共包括两个功能：挑选学生、公布学生成绩。下面分别对两个功能进行讲解。该部分文件包括：

- teacher.jsp：教师成功登录后的页面。
- choosestu.jsp：挑选学生页面。
- displaystu.jsp：当教师挑选学生后，显示的下一页面是教师批准的所有他所带的班级及学生。
- score.jsp：公布学生成绩。
- public.jsp：所有公共课显示页面。

图8-44　教师登录后的功能界面

teacher.jsp程序的代码如下：

```jsp
<!--用page指令定义脚本-->
<!--设定输出格式-->
<%@ page contentType = "text/html; charset = gb2312" language = "java" import = "java.
    Sql.*"errorPage = "errorpage" %>
<html>
<body bgcolor = "#0099FF" text = "#FFFFFF" link = "#00FF00">
<%
    String tea_id = (String)session.getAttribute("id");
```

```
%>
    <p><font color = "#00FF00" size = "+3" face = "方正舒体">您已经成功登录，
       请您选择以下功能：</font></p>
    <p align = "center"><a href = "MarkSvlt?id = <% = tea_id%>&action = choosestu">
       挑选您的学生&gt;&gt;</a>
<a href = "MarkSvlt?id = <% = tea_id%>&action = public">公布成绩&gt;&gt;</a>
</p>
<p align = "center"> </p>
<p align = "center">  </p>
<p><a href = "login_confirm?action = logout">&lt;&lt;注销</a></p>
</body>
</html>
```

1. 挑选学生

挑选学生页面 choosestu.jsp 的功能是根据当前教师显示可给当前登录教师提供可选择的班级，如图 8-45 所示。

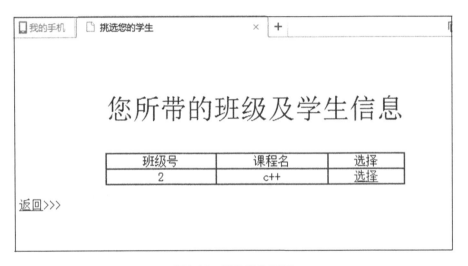

图8-45 挑选学生页面

choosestu.jsp 程序的代码如下：

```
<!--用 page 指令定义脚本-->
<!--设定输出格式-->
<%@ page contentType = "text/html; charset = gb2312" language = "java"
import = "java.Sql.*" errorPage = "errorpage.jsp" %>
<html>
<head>
    <meta http-equiv = "Content-Type" content = "text/html; charset = gb2312">
    <title>挑选您的学生</title>
</head>
<jsp:useBean id = "deter" scope = "page" class = "cla.determine"/>
<body bgcolor = "#0099FF" text = "#FFFFFF" link = "#00FF00">
```

```jsp
<%
    String tea_id = (String)session.getAttribute("id");
%>
<div align = "center">
    <p><font color = "#00FF00" size = "+3" face = "方正舒体">您所带的班级及学生
    </font></p>
    <p>  </p>
    <table width = "75%" border = "1">
        <tr>
            <td>班级号</td>
            <td>课程名</td>
            <td>选择</td>
        </tr>
        <!--根据 id 值，调用 JavaBean 的查询数据库的方法，从而得到 ResultSet 类型的
            结果集-->
        <%
            String class_id = null;
            String cour_name = null;
            ResultSet rs = deter.getClass(tea_id);
            while(rs.next()) {
            class_id = rs.getString("id");
            cour_name = rs.getString("name");
        %>
        <tr>
            <td><% = class_id%></td>
            <td><% = cour_name%></td>
            <td><ahref = "MarkSvlt?class_id = <% = class_id%>&cour_name = <% =
                cour_name%>&action = accept ">选择</a></td>
        </tr>
        <%
            }
        %>
    </table>
    <p> </p><p align = "left"><ahref = "teacher.jsp">&lt;&lt;Back</a>
    </p>
</div>
</body>
</html>
```

当单击选择栏的"选择"，就会跳转到选报该课程的学生页面 displaystu.jsp，如图 8-46 所示。

图8-46 选报该课程的学生页面

displaystu.jsp 程序的代码如下:

```
<!--用 page 指令定义脚本-->
<!--设定输出格式-->
<%@ page contentType = "text/html; charset = gb2312" language = "java"
import = "java.Sql.*" errorPage = "errorpage.jsp" %>
<html>
<head>
    <meta http-equiv = "Content-Type" content = "text/html; charset = gb2312">
    <title>displaystu</title>
</head>
<jsp:useBean id = "deter" scope = "page" class = "cla.determine"/>
<body bgcolor = "#0099FF" text = "#FFFFFF" link = "#00FF00">
<div align = "center">
<p> </p>
<p><font color = "#00FF00" size = "+3" face = "方正舒体">选报该课程的学生
</font></p>
<p> </p>
<table width = "75%" border = "1">
<tr>
    <td>学生姓名</td>
    <td>所在系</td>
    <td>性别</td>
    <td>学分</td>
    <td>Email</td>
    <td>Tel</td>
    <td>接受</td>
</tr>
<%
String class_id = request.getParameter("class_id");
String name = null;
String dep = null;
String sex = null;
int mark = 0;
String e_mail = null;
String tel = null;
```

```
ResultSet rs = deter.getStudents(class_id);
String stu_id = null;
while(rs.next()) {
        stu_id = rs.getString("id");
        name = rs.getString("name");
        dep = rs.getString("department");
        sex = rs.getString("sex");
        mark = rs.getInt("mark");
        e_mail = rs.getString("e_mail");
        tel = rs.getString("tel");
        %>
        <tr>
        <td><% = name%></td>
        <td><% = dep%></td>
        <td><% = sex%></td>
        <td><% = mark%></td>
        <td><% = e_mail%></td>
        <td><% = tel%></td>
        <td><a href = "MarkSvlt?stu_id = <% = stu_id%>&action = enrol&class_id =
            <% = class_id%>">accept</a></td>
    </tr>
    <%
}
%>
</table>
<p> </p>
<p align = "left"><a href = "choosestu.jsp">&lt;&lt;Back </a></p>
</div>
</body>
</html>
```

2. 公布成绩

成绩显示页面 score.jsp 的功能是根据学号进行成绩公布，如图 8-47 所示。

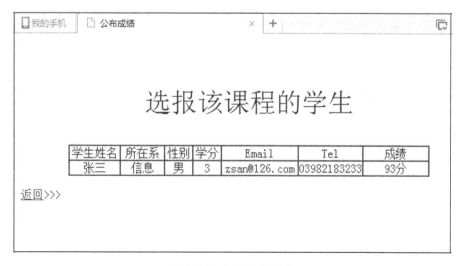

图8-47 公布成绩页面

score.jsp 程序的代码如下：

```jsp
<!--用 page 指令定义脚本-->
<!--设定输出格式-->
<%@ page contentType = "text/html; charset = gb2312" language = "java"
import = "java.Sql.*" errorPage = "errorpage.jsp" %>
<html>
<head>
<meta http-equiv = "Content-Type" content = "text/html; charset = gb2312">
<title>score</title>
</head>
<jsp:useBean id = "deter" scope = "page" class = "cla.determine"/>
<body bgcolor = "#0099FF" text = "#FFFFFF" link = "#00FF00">
<div align = "center">
<p> </p>
<p><font color = "#00FF00" size = "+3" face = "方正舒体">选报该课程的学生有
</font></p>
<p> </p>
<table width = "75%" border = "1">
<tr>
    <td>学生姓名</td>
    <td>所在系</td>
    <td>性别</td>
    <td>学分</td>
    <td>Email</td>
    <td>Tel</td>
    <td>成绩</td>
</tr>
<!--根据 id 值，调用 JavaBean 的查询数据库的方法，从而得到 ResultSet 类型的结果集-->
<%
String class_id = request.getParameter("class_id");
String name = null;
String dep = null;
String sex = null;
int mark = 0;
String e_mail = null;
String tel = null;
ResultSet rs = deter.getStudents2(class_id);
String stu_id = null;
while(rs.next()) {
stu_id = rs.getString("id");
name = rs.getString("name");
dep = rs.getString("department");
sex = rs.getString("sex");
mark = rs.getInt("mark");
e_mail = rs.getString("e_mail");
tel = rs.getString("tel");
%>
<tr>
    <td><% = name%></td>
    <td><% = dep%></td>
    <td><% = sex%></td>
    <td><% = mark%></td>
    <td><% = e_mail%></td>
    <td><% = tel%></td>
```

```
        <td><a href = "marking.jsp?stu_id = <% = stu_id%>&class_id = <% = class_id%>">s
            core</a></td>
</tr>
<%
}
%>
</table>
<p> </p>
<p align = "left"><a href = "choosestu.jsp">&lt;&lt;Back </a></p>
</div>
</body>
</html>
```

当单击成绩栏的 score,就会跳转到给学生打成绩的页面,即公布成绩页面 marking.jsp,如图 8-48 所示。

图8-48　公布成绩页面

marking.jsp 程序的代码如下:

```
<!--用 page 指令定义脚本-->
<!--设定输出格式-->
<%@ page contentType = "text/html; charset = gb2312" language = "java"
import = "java.Sql.*" errorPage = "errorpage.jsp" %>
<html>
<body bgcolor = "#0099FF">
<%
String stu_id = request.getParameter("stu_id");
String class_id = request.getParameter("class_id");
%>
<p> </p>
<p align = "center"><font color = "#00FF00" size = "+3" face = "方正舒体">
    学生成绩</font></p>
<form method = "post" action = "MarkSvlt">
<input type = "hidden" name = "action" value = "marking">
```

```html
<input type = "hidden" name = "id" value = "<% = stu_id%>">
<input type = "hidden" name = "class_id" value = "<% = class_id%>">
<table width = "75%" border = "1" align = "center">
<tr>
    <td width = "41%">学生号</td>
    <td width = "59%">成绩</td>
</tr>
<tr>
    <td><% = stu_id%></td>
    <td><input name = "score" type = "text" id = "score"></td>
</tr>
</table>
<p> </p>
<div align = "center">
<input type = "submit" name = "Submit" value = "提交">
</div>
</form>
</body>
</html>
```

3. 教师模块的Servlet

MarkSvlt.java 的功能主要是根据页面传过来的指令，来调用业务逻辑类 determine 进行相应的业务处理。它起到数据、页面转发的作用。MarkSvlt.java 源程序如下：

```java
package cla;
import java.io.*;
import java.Sql.*;
import javax.servlet.*;
import javax.servlet.http.*;
public class MarkSvlt extends HttpServlet {
    public void doGet(HttpServletRequest req, HttpServletResponse res) throws
        ServletException, IOException {
        // 获得传入参数
        String tea_id = req.getParameter("id");
        String class_id = null;
        String score = null;
        String stu_id = null;
        String action = action = req.getParameter("action");
        determine deter = null;
        if("choosestu".equalsIgnoreCase(action)) {
            deter = doChoose(tea_id); // 选择教师要带的学生
            // 上面的操作成功后，这个方法起到页面跳转作用
            sendBean(req, res, deter, "/myapp/choosestu.jsp");
        }
        if("score".equalsIgnoreCase(action)) {
            deter = doAccept2(tea_id); // 显示学生成绩
            // 上面的操作成功后，这个方法起到页面跳转作用
            sendBean(req, res, deter, "/myapp/score.jsp");
        }
        if("marking".equalsIgnoreCase(action)) {
            class_id = req.getParameter("class_id");// 得到页面 post 过来的值
            score = req.getParameter("score");
```

```java
            stu_id = req.getParameter("id");
            // 给所带的学生打分,更新的数据表是 enrol
            doMarking(req, res, stu_id, class_id, score);
            //上面的操作成功后，这个方法起到页面跳转作用
            res.sendRedirect("score.jsp");
        }
        if("public".equalsIgnoreCase(action)) {
            tea_id = req.getParameter("id");
            deter = doChoose(tea_id); // 选择教师要带的学生
            // 上面的操作成功后，这个方法起到页面跳转作用
            sendBean(req, res, deter, "/myapp/public.jsp");
        }
        if("accept".equalsIgnoreCase(action)) {
            class_id = req.getParameter("class_id");// 得到页面 post 过来的值
            // 当教师挑选学生后，显示的下一页面是批准所要带的班级及学生
            deter = doAccept(class_id);
            // 上面的操作成功后，这个方法起到页面跳转作用
            sendBean(req, res, deter, "/myapp/displaystu.jsp");
        }
        if("enrol".equalsIgnoreCase(action)) {
            stu_id = req.getParameter("stu_id");
            class_id = req.getParameter("class_id");
            deter = doEnrol(req, res, stu_id, class_id);//接受学生的选课返回 determine
                对象// 上面的操作成功后，这个方法起到页面跳转作用
            sendBean(req, res, deter, "/myapp/displaystu.jsp");
        }
    }
}
/**
* 给所带的学生打分,更新的数据表是 enrol */
    public void doMarking(HttpServletRequest req, HttpServletResponse res, String stu_id,
        String class_id, String score) throws ServletException, IOException {
        int num = 0;
        int temp = 0;
        determine deter = new determine();
        num = deter.marking(stu_id, class_id, score); // 给所带的学生打分
        if(num == 0)
            doError(req, res, "更新失败！");
        try {
            temp = Integer.parseInt(score);
        } catch(NumberFormatException e) {
            System.out.print(e.toString());
            doError(req, res, "格式不对，请重输！！");
        }
        if(temp >= 60)
            num = deter.addMark(stu_id, class_id); //当成绩大于 60 时，则通过
        if(num == 0)
            doError(req, res, "更新失败！");
    }
/**
* 接受学生的选课返回 determine 对象 */
    public determine doEnrol(HttpServletRequest req, HttpServletResponse res, String
        stu_id, String class_id) throws ServletException,IOException {
        int num = 0;
        determine deter = new determine();// 定义 determine 对象
```

```java
            num = deter.enrol(stu_id, class_id);  // 接受学生的选课
            if(num == 0)
                doError(req, res, "更新失败！");
            return deter;
        }
    /**
    * 选择教师要带的学生  */
        public determine doChoose(String tea_id) {
            determine deter = new determine();
            deter.getClass(tea_id);
            return deter;
        }
    /**
    * 显示学生成绩  */
        public determine doAccept2(String class_id) {
            determine deter = new determine();
            deter.getStudents2(class_id);  // 显示学生成绩
            return deter;
        }
    /**
    * 当教师挑选学生后，显示的下一页面是批准所要带的班级及学生  */
        public determine doAccept(String class_id) {
            determine deter = new determine();
            deter.getStudents(class_id);
            return deter;
        }
    /**
    * 起到页面跳转作用  */
        public void sendBean(HttpServletRequest req, HttpServletResponse res, determine deter,
            String target) throws ServletException, IOException {
            req.setAttribute("deter", deter);
            RequestDispatcher rd = getServletContext().getRequestDispatcher(target);
            rd.forward(req, res);
        }
    /**
    * 页面出错时跳转到的页面  */
        public void doError(HttpServletRequest req, HttpServletResponse res, String str) throws
            ServletException, IOException {
            req.setAttribute("problem", str);
            RequestDispatcher rd = getServletContext().getRequestDispatcher("/myapp/
                errorpage.jsp");
            rd.forward(req, res);
        }
        public void doPost(HttpServletRequest req, HttpServletResponse res) throws
            ServletException, IOException {
            doGet(req, res);
        }
    }
```

教师模块的业务逻辑类的功能主要是根据页面传过来的指令，来调用业务逻辑类 determine.java 进行相应的业务处理。它处理教师的业务逻辑，供 MarkSvlt 来调用。determine.java 源程序如下：

```java
package cla;
import java.Sql.*;
public class determine {
/**
* 选择教师要带的学生 */
public ResultSet getClass(String tea_id) {
    String Sql = "select classes.id,course.name " + "from classes,course " + "where
        course.id = classes.cour_id " + "and classes.tea_id = '"+ tea_id + "' ";
    SqlBean SqlBean = new SqlBean();
    ResultSet rs = SqlBean.executeQuery(Sql);
    return rs;
}
/**
* 当教师挑选学生后，显示的下一页面是批准要所带的班级及学生*/
public ResultSet getStudents(String class_id) {
    String Sql = "select student.id,name ,department,sex,mark,e_mail,tel " + "from student,
        enrol,classes "+ "where student.id = enrol.stu_id " + "and enrol.accept = '0' "+
        "and
    classe
    s.id = enrol.class_id " + "and classes.id = '"+ class_id + "' ";
    System.out.print("您所带的班级及学生:" + Sql);
    SqlBean SqlBean = new SqlBean();
    ResultSet rs = SqlBean.executeQuery(Sql);
    return rs;
}
/**
* 显示学生成绩 */
public ResultSet getStudents2(String class_id) {
    String Sql = "select student.id,name ,department,sex,mark,e_mail,tel "+ "from student,
        enrol,classes "+ "where student.id = enrol.stu_id " + "and enrol.accept = '1' "+
        "andenrol.score = '0' " + "and classes.id = enrol.class_id "+ "and classes.id =
        '" + lass_id + "' ";
    SqlBean SqlBean = new SqlBean();
    System.out.print("显示学生成绩:" + Sql);
    ResultSet rs = SqlBean.executeQuery(Sql);
    return rs;
}
/**
*接受学生的选课 */
public int enrol(String stu_id, String class_id) {
    int num = 0;
    String Sql = "update enrol set accept = 1 " + "where stu_id = '" + stu_id+ "' " +
        "and
    class_id = '" + class_id + "' ";
    SqlBean db = new SqlBean();
    num = db.executeInsert(Sql);
    return num;
}
/**
* 给所带的学生打分 */
public int marking(String stu_id, String class_id, String score) {
    int num = 0;
    String Sql = "update enrol " + "set score = '" + score + "' "+ "where stu_id = '" +
        stu_id + "' " + "and class_id = '"+ class_id + "' ";
    SqlBean db = new SqlBean();
    num = db.executeInsert(Sql);
```

```
        return num;
    }
    /**
    * 当成绩大于 60 时，则通过 */
    public int addMark(String stu_id, String class_id) {
        int num = 0;
        String Sql = "update student "+ "set student.mark = student.mark+course.mark "+
            "from student,course,classes " + "where student.id = '"+ stu_id + "' " + "and
            course.id = classes.cour_id "+ "and classes.id = '" + class_id + "' ";
        SqlBean db = new SqlBean();
        num = db.executeInsert(Sql);
        return num;
    }
}
```

至此，前台的教师模块已经设计完毕。这些也都是最终展现给学生的界面信息。

实例 19　管理员模块

本部分我们将介绍管理员模块，其主要功能包括学生管理、教师管理、课程管理、班级管理。

管理员成功登录后的界面如图 8-49 所示，该界面是管理员在这个系统中所拥有的权限的入口，共包括四个功能：学生管理、教师管理、课程管理、班级管理。

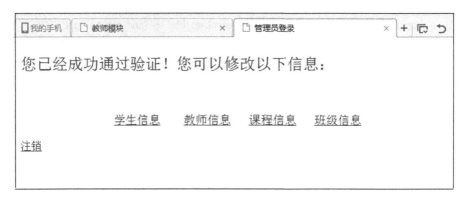

图8-49　管理员成功登录界面

该部分文件包括：

- admin.jsp：成功登录后的页面。

- getStudent.jsp ：查看学生页面。

- getteather.jsp： 查看选修课程页面。

- getcourse.jsp ：查看学分页面。

- getClass.jsp：查看班级页面。

- addstudent.jsp：增加学生信息。
- updatestu.jsp：更新学生信息。
- updatetea.jsp：更新教师信息。
- addteacher.jsp：增加教师信息。
- updatecour.jsp：更新课程信息。
- Addcourse.jsp：增加课程信息。
- updateClass.jsp：更新班级信息。
- AddClass.jsp：增加班级信息。

admin.jsp 程序的代码如下：

```jsp
<!--用 page 指令定义脚本-->
<!--设定输出格式-->
<%@ page contentType = "text/html; charset = gb2312" language = "java"
    import = "java.Sql.*" errorPage = "errorpage.jsp" %>
<html>
<head>
    <meta http-equiv = "Content-Type" content = "text/html; charset = gb2312">
    <title>管理员登录</title>
</head>
<body bgcolor = "#0099FF" text = "#FFFFFF" link = "#66FF00">
<p>
<%
String admin_id = (String)session.getAttribute("id");//从 session 中获得 id 值
if(admin_id == null) {response.sendRedirect("login.jsp");}
%>
<font color = "#00FF00" size = "+2" face = "华文行楷">您已经成功通过验证！您可以
    更改以下内容：</font></p>
<p> </p> </p>
<table align = "center" >
<tr>
    <td><a href = "getStudent.jsp">学生&gt;&gt;</a> </td>
    <td ><a href = "getteacher.jsp">教师&gt;&gt; </a></td>
    <td><a href = "getcourse.jsp">课程&gt;&gt;</a></td>
    <td><a href = "getClass.jsp">班级&gt;&gt;</a></td>
</tr>
</table>
<p> </p><p> </p>
<p><a href = "login_confirm?action = logout">&lt;&lt;注销</a> </div> </p>
</body>
</html>
```

管理员对学生、教师、课程、班级四部分的管理分别包括更新、增加、删除信息三项，各部分功能类似，实现代码类似，其中班级管理部分是学生课绩管理系统中的一个难点。因此，这一部分我们只具体介绍班级管理模块的实现方法，学生管理、教师管理和课程管理的实现方法将在附录中介绍。

班级管理页面 getClass.jsp 的功能是包括更新、增加、删除班级信息。如图 8-50 所示。本模块中存在大量和数据库的交互操作，并且写法各异，读者可以自己思考不同的途径来解决这个问题。

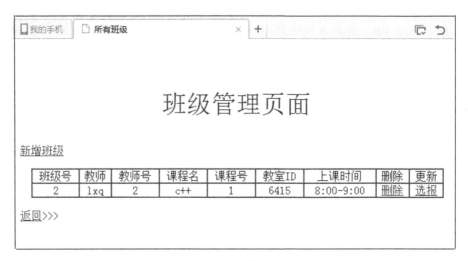

图8-50　班级管理页面

getClass.jsp 程序的代码如下：

```
<!--用 page 指令定义脚本-->
<!--设定输出格式-->
<%@ page contentType = "text/html; charset = gb2312" language = "java"
import = "java.Sql.*" errorPage = "errorpage.jsp" %>
<html>
<head>
    <meta http-equiv = "Content-Type" content = "text/html; charset = gb2312">
    <title>所有班级</title>
</head>
<jsp:useBean id = "cla" scope = "page" class = "cla.classp"/>
<body bgcolor = "#0099FF" text = "#FFFFFF" link = "#00FF00">
<%
    String id = "",tea_id = "",cour_id = "",room_id = "",cour_time = "",cour_name = "",
        tea_name = "";
%>
<div align = "center">
<p><font color = "#00FF00" size = "+3" face = "方正舒体">所有班级</font></p>
<p align = "left"><font color = "#00FF00" size = "+1" face = "方正舒体"><a href =
    "AddClass. jsp">新增班级</a></font></p>
<table width = "75%" border = "1">
<tr>
    <td>班级号</td>
    <td>教师</td>
    <td>教师号</td>
    <td>课程名</td>
    <td>课程号</td>
```

```
            <td>教室 ID</td>
            <td>上课时间</td>
            <td>删除</td>
            <td>更新</td>
        </tr>
<!--根据 id 值，调用 JavaBean 的查询数据库的方法，从而得到 ResultSet 类型的结果集-->
<%
ResultSet rs = cla.getClasses();
while(rs.next()) {
    id = rs.getString("id");
    tea_id = rs.getString("tea_id");
    cour_id = rs.getString("cour_id");
    room_id = rs.getString("room_id");
    cour_time = rs.getString("cour_time");
    cour_name = rs.getString("cour_name");
    tea_name = rs.getString("tea_name");
%>
        <tr>
            <td><% = id%></td>
            <td><% = tea_name%></td>
            <td><% = tea_id%></td>
            <td><% = cour_name%></td>
            <td> <% = cour_id%></td>
            <td><% = room_id%></td>
            <td><% = cour_time%></td>
            <td><a href = "ClassSvlt?action = delete&id = <% = id%>">删除</a></td>
            <td><a href = "updateClass.jsp?id = <% = id%>&tea_id0 = <% = tea_id%>&cou
                r_time0 = <% = cour_time%> ">更新</a></td>
        </tr>
<%
}
%>
</table>
<p align = "left"><a href = "admin.jsp">&lt;&lt;Back to Admin</a></p>
</div>
</body>
</html>
```

1. 更新班级信息

更新班级信息页面 updateClass.jsp 的功能是根据传进来的班级号来查找数据库并且显示出来，让管理员更新班级信息，如图 8-51 所示。

图8-51 更新班级信息页面

updateClass.jsp 程序的代码如下：

```jsp
<!--用 page 指令定义脚本-->
<!--设定输出格式-->
<%@ page contentType = "text/html; charset = gb2312" language = "java"
import = "java.Sql.*" errorPage = "" %>
<html>
<head>
    <meta http-equiv = "Content-Type" content = "text/html; charset = gb2312">
    <title>更新班级</title>
</head>
<jsp:useBean id = "classp" scope = "page" class = "cla.classp"/>
<body bgcolor = "#0099FF" text = "#FFFFFF" link = "#00FF00">
<%
    String id = request.getParameter("id");
    String tea_id = "",cour_id = "",room_id = "",cour_time = "",name = "";
%>
<div align = "center"><font color = "#00FF00" size = "+3" face = "方正舒体">
    更新班级</font>
<form method = "post" action = "ClassSvlt">
<input type = "hidden" name = "action" value = "update">
<input type = "hidden" name = "id" value = "<% = id%>">
<table width = "40%" border = "1">
<tr>
    <td width = "34%">教师</td>
    <td width = "66%"><select name = "tea_id" size = "1" id = "tea_id">
<%
ResultSet rs = classp.getTeachers();
```

```
while(rs.next()) {
    id = rs.getString("id");
    name = rs.getString("name");
    %>
    <option value = "<% = id%>"><% = name%></option>
    <%
}
%>
</select></td>
</tr>
<tr>
    <td>课程</td>
    <td><select name = "cour_id" id = "cour_id">
<%
rs = classp.getCourses();
while(rs.next()) {
    id = rs.getString("id");
    name = rs.getString("name");
    %>
    <option value = "<% = id%>"><% = name%></option>
    <%
}
    %>
    </select></td>
    </tr>
<tr>
    <td>教室</td>
    <td><select name = "room_id" size = "1" id = "room_id">
    <option>101</option>
    <option>102</option>
    <option>103</option>
    <option>104</option>
    <option>105</option>
    <option>201</option>
    <option>202</option>
    <option>203</option>
    <option>204</option>
    <option>205</option>
    <option>301</option>
    <option>302</option>
    <option>303</option>
    <option>304</option>
    <option>305</option>
    <option>306</option>
    </select></td>
</tr>
<tr>
    <td>上课时间</td>
    <td><select name = "cour_time" size = "1" id = "cour_time">
    <option value = "Mon_1">星期一/一节</option>
    <option value = "Mon_2">星期一/两节</option>
    <option value = "Mon_3">星期一/三节</option>
    <option value = "Tues_1">星期二/一节</option>
    <option value = "Tues_2">星期二/两节</option>
    <option value = "Tues_3">星期二/三节</option>
```

```
            <option value = "Wed_1">星期三/一节</option>
            <option value = "Wed_2">星期三/两节</option>
            <option value = "Wed_3">星期三/三节</option>
            <option value = "Thurs_1">星期四/一节</option>
            <option value = "Thurs_2">星期四/两节</option>
            <option value = "Thurs_3">星期四/三节</option>
            <option value = "Fri_1">星期五/一节</option>
            <option value = "Fri_2">星期五/两节</option>
            <option value = "Fri_3">星期五/三节</option>
        </select></td>
</tr>
</table>
<p>
        <input name = "Submit" type = "submit" value = "确定">
</p>
<%
        String tea_id0 = request.getParameter("tea_id0");
        String cour_time0 = request.getParameter("cour_time0");
%>
<input type = "hidden" name = "tea_id0" value = "<% = tea_id0%>">
<input type = "hidden" name = "cour_time0" value = "<% = cour_time0%>">
</form>
<div align = "left"><a href = "getClass.jsp"><font size = "+1">&lt;&lt;Back</font></a></div>
</div>
</body>
</html>
```

2. 增加班级信息

增加班级信息页面 AddClass.jsp 的功能是增加班级信息。

注意：在增加一个班级时涉及学校资料的分配问题，所以四个下拉列表框分别是：每一个班级的教师、教室、课程、上课时间。所以说它是整个管理模块中最为复杂的业务逻辑，如图 8-52 所示。

图8-52　新增班级信息页面

AddClass.jsp 程序的代码如下:

```
<!--用 page 指令定义脚本-->
<!--设定输出格式-->
<%@ page contentType = "text/html; charset = gb2312" language = "java"
import = "java.Sql.*" errorPage = "errorpage.jsp" %>
<html>
<head>
    <meta http-equiv = "Content-Type" content = "text/html; charset = gb2312">
    <title>新增班级</title>
</head>
<jsp:useBean id = "classp" scope = "page" class = "cla.classp"/>
<body bgcolor = "#0099FF" text = "#FFFFFF">
<p>
<%
String admin_id = (String)session.getAttribute("id");
if(admin_id == null) {response.sendRedirect("login.jsp");}
String name = "";
String id = "";
%>
</p>
<p align = "center"><font color = "#00FF00" size = "+3" face = "华文行楷">新增班级</font> </p>
<form name = "form1" method = "post" action = "ClassSvlt">
<input type = "hidden" name = "action" value = "new">
<table width = "38%" border = "1" align = "center">
<tr>
    <td width = "29%">班级号</td>
    <td width = "71%"><input name = "id" type = "text" id = "id2"> </td>
</tr>
```

```
<tr>
    <td>教师</td>
    <td><select name = "tea_id" size = "1" id = "tea_id">
<%
ResultSet rs = classp.getTeachers();
while(rs.next())   {
    id = rs.getString("id");
    name = rs.getString("name");
%>
<option value = "<% = id%>"><% = name%></option>
<%
}
%>
</select></td>
</tr>
<tr>
    <td>课程</td>
    <td><select name = "cour_id" id = "cour_id">
<%
rs = classp.getCourses();
while(rs.next()) {
    id = rs.getString("id");
    name = rs.getString("name");
%>
<option value = "<% = id%>"><% = name%></option>
<%
}
%>
</select></td>
</tr>
<tr>
    <td>教室 ID</td>
    <td><select name = "room_id" size = "1" id = "room_id">
    <option>101</option>
    <option>102</option>
    <option>103</option>
    <option>104</option>
    <option>105</option>
    <option>201</option>
    <option>202</option>
    <option>203</option>
    <option>204</option>
    <option>205</option>
    <option>301</option>
    <option>302</option>
    <option>303</option>
    <option>304</option>
    <option>305</option>
    <option>306</option>
    </select></td>
</tr>
<tr>
    <td>上课时间</td>
    <td><select name = "cour_time" size = "1" id = "cour_time">
    <option value = "Mon_1">星期一/一节</option>
    <option value = "Mon_2">星期一/两节</option>
```

```html
        <option value = "Mon_3">星期一/三节</option>
        <option value = "Tues_1">星期二/一节</option>
        <option value = "Tues_2">星期二/两节</option>
        <option value = "Tues_3">星期二/三节</option>
        <option value = "Wed_1">星期三/一节</option>
        <option value = "Wed_2">星期三/两节</option>
        <option value = "Wed_3">星期三/三节</option>
        <option value = "Thurs_1">星期四/一节</option>
        <option value = "Thurs_2">星期四/两节</option>
        <option value = "Thurs_3">星期四/三节</option>
        <option value = "Fri_1">星期五/一节</option>
        <option value = "Fri_2">星期五/两节</option>
        <option value = "Fri_3">星期五/三节</option>
    </select></td>
</tr>
</table>
<p align = "cencer">
    <input type = "submit" name = "Submit" value = "提交">
</p>
<p> </p>
</form>
<a href = "getClass.jsp">&lt;&lt;Back </a>
</body>
</html>
```

3. 删除班级信息

当单击"删除"栏的"删除"按钮时，就完成了删除班级信息。其代码如下：

```java
if("delete".equalsIgnoreCase(action)) {
    try {
        success = doDelete(stu_id);
    }catch(SQLException e) {}
    if(success != 1) {
        doError(req, res, "StudentSvlt: Delete unsuccessful. Rows affected: " + success);
    } else {
        res.sendRedirect("http://localhost:8080/myapp/getStudent.jsp");
    }
}
```

4. 封装班级业务处理类Servlet

下面介绍的是封装班级业务处理类 Servlet：ClassSvlt.java。在增加一个班级时有学校资料的分配问题：每一个班级的教师、教室、课程、上课时间。所以在这个业务中加了三个判断：判断录入是否正确；判断该教师当前时间是否已经安排有课；教室是否空闲等。

ClassSvlt.java 的源程序如下：

```java
package cla;
```

```java
import java.io.*;
import java.Sql.*;
import javax.servlet.*;
import javax.servlet.http.*;
/*
*管理班级业务的servlet；注意增加与更新的判断，判断录入的是否正确;判断该
  教师当前时间是否已经安排有课 */
public class ClassSvlt extends HttpServlet {
    public void doGet(HttpServletRequest req, HttpServletResponse res) throws
        ServletException, IOException {
            String class_id = req.getParameter("id");
            int success = 0;
            String action = action = req.getParameter("action");
            classp cla = null;
            String message = "";
            if("new".equalsIgnoreCase(action))  {// 增加班级信息
                cla = doNew(req,res);
                sendBean(req, res, cla,"/myapp/getClass.jsp");
            }
            if("update".equalsIgnoreCase(action))  {// 更新班级信息
                try {
                    cla = doUpdate(req,res, class_id);
                    sendBean(req,res,cla,"/myapp/getClass.jsp");
                }catch(SQLException e) {}
            }
            if("delete".equalsIgnoreCase(action))  {// 删除班级信息
                try {
                    success = doDelete(class_id);
                }catch(SQLException e) {}
            if(success != 1) {
               doError(req, res, "ClassSvlt: Delete unsuccessful. Rows affected: " + success);
            } else {
               res.sendRedirect("http://localhost:8080/myapp/getClass.jsp");
            }
        }
    }
}
/*
* 根据传入的参数来增加班级信息
* 返回类型：classp
@param req
@param res
@return
@throws ServletException
@throws IOException */
    public classp doNew(HttpServletRequest req,HttpServletResponse res ) throws
        ServletException,IOException {
            classp cla = new classp();
            String class_id = req.getParameter("id");
            String tea_id = req.getParameter("tea_id");
            String cour_id = req.getParameter("cour_id");
            String room_id = req.getParameter("room_id");
            String cour_time = req.getParameter("cour_time");
            //判断录入的是否正确；判断该教师当前时间是否已经安排有课
            if(isTrue(req,res,class_id) && hasMoreclass(tea_id,cour_time,req,res) ) {
                cla.setId(class_id);
```

```java
            cla.setTea_id(tea_id);
            cla.setCour_id(cour_id);
            cla.setRoom_id(room_id);
            cla.setCour_time(cour_time);
            cla.addClass();
        }return cla;
    }
/*
 * 判断该教师当前时间是否已经安排有课
 * 返回类型：boolean
 @param tea_id
 @param cour_time
 @param req
 @param res
 @return
 @throws ServletException
 @throws IOException */
    public boolean hasMoreclass(String tea_id,String cour_time,HttpServletRequest req,
        HttpServletResponse res) throws ServletException,IOException {
        boolean f = true;
        String temp = "";
        String message = "";
        classp cla = new classp();
        temp = cla.hasMoreclass(tea_id,cour_time);
        if(temp == "no")
            f = true;
        else {
            f = false;
            message = "对不起，该教师("+tea_id+")在"+cour_time+"时间已经安排有课"+
            temp+"" ;
            doError(req,res,message);
        }return f;
    }
/*
 * 判断是否改变
 * 返回类型：boolean
 @param tea_id
 @param cour_time
 @param req
 @param res
 @return
 @throws ServletException
 @throws IOException */
    public boolean hasChange(String tea_id,String cour_time, HttpServletRequest req,
        HttpServletResponse res) throws ServletException,IOException {
        boolean f = false;
        String tea_id0 = req.getParameter("tea_id0");
        String cour_time0 = req.getParameter("cour_time0");
        if(!tea_id.equals(tea_id0) || !cour_time.equals(cour_time0) )
            f = true;
            return f;
    }
/*
 * 更新班级信息
 * 返回类型：classp
 @param req
```

```
    @param res
    @param id
    @return
    @throws ServletException
    @throws IOException
    @throws SQLException */
        public classp doUpdate(HttpServletRequest req,HttpServletResponse res , String id)
            throws ServletException,IOException,SQLException {
            classp cla = new classp();
            String tea_id = req.getParameter("tea_id");
            String cour_id = req.getParameter("cour_id");
            String room_id = req.getParameter("room_id");
            String cour_time = req.getParameter("cour_time");
            if(hasChange(tea_id,cour_time,req,res)) {
                if(hasMoreclass(tea_id,cour_time,req,res)) {
                    cla.updateClass(id,tea_id,cour_id,room_id,cour_time);
                }
            }else {
                cla.updateClass(id,cour_id,room_id);
            }return cla;
        }
/*
 * 删除班级信息
 * 返回类型：int
    @param id
    @return
    @throws SQLException */
        public int doDelete(String id) throws SQLException {
            int num = 0;
            classp cla = new classp();
            num = cla.deleteClass(id);
            return num;
        }
/*
 * 上面的操作成功后，这个方法起到页面跳转作用
 * 返回类型：void
    @param req
    @param res
    @param cla
    @param target
    @throws ServletException
    @throws IOException */
        public void sendBean(HttpServletRequest req, HttpServletResponse res, classp cla,
            String target) throws ServletException, IOException {
            req.setAttribute("cla", cla);
            RequestDispatcher rd = getServletContext().getRequestDispatcher(target);
            rd.forward(req, res);
        }
/*
 * 页面出错时跳转到的页面
 * 返回类型：void
    @param req
    @param res
    @param str
    @throws ServletException
    @throws IOException */
```

```
    public void doError(HttpServletRequest req,HttpServletResponse res,String str) throws
        ServletException, IOException {
        req.setAttribute("problem", str);
        RequestDispatcher rd = getServletContext( ).getRequestDispatcher("/myapp/
            errorpage.jsp");
        rd.forward(req, res);
    }
/*
 * 判断录入的是否正确
 * 返回类型：boolean
 @param req
 @param res
 @param id
 @return
 @throws ServletException
 @throws IOException */
    public boolean isTrue(HttpServletRequest req, HttpServletResponse res,String id) throws
        ServletException, IOException {
        classp cla = new classp();
        boolean f = true;
        String message = "";
        if(id == null || id.equals("")) {
            f = false;
            message = "错误，班级号不能为空！";
            doError(req,res,message);
        }
        if(cla.hasLogin(id)) {
            f = false;
            message = "对不起，班级("+id+")已经注册了！";
            doError(req,res,message);
        }
        return f;
    }
    public void doPost(HttpServletRequest req, HttpServletResponse res) throws
        ServletException, IOException {
        doGet(req, res);
    }
}
```

下面介绍的是封装班级业务处理类 JavaBean: classp.java。classp .java 的源程序如下：

```
package cla;
import java.Sql.*;
public class classp {
    /*
     * 通过 get()、set()方法来得到班级信息 */
    private String id;
    private String cour_id;
    private String tea_id;
    private String room_id;
    private String cour_time;
    public String getId() {
        return id;
```

```java
    }
    public void setId(String id) {
        this.id = id;
    }
    public String getCour_id() {
        return cour_id;
    }
    public void setCour_id(String cour_id) {
        this.cour_id = cour_id;
    }
    public String getTea_id() {
        return tea_id;
    }
    public void setTea_id(String tea_id) {
        this.tea_id = tea_id;
    }
    public String getRoom_id() {
        return room_id;
    }
    public void setRoom_id(String room_id) {
        this.room_id = room_id;
    }
    public String getCour_time() {
        return cour_time;
    }
    public void setCour_time(String time) {
        this.cour_time = time;
    }
    /*
     * 得到所有教师信息
     * 返回类型：ResultSet
     @return */
    public ResultSet getTeachers() {
        String Sql = "select id,name from teacher ";
        SqlBean db = new SqlBean();
        ResultSet rs = db.executeQuery(Sql);
        return rs;
    }
    /*
     * 得到所有课程信息
     * 返回类型：ResultSet
     @return */
    public ResultSet getCourses() {
        String Sql = "select id,name from course ";
        SqlBean db = new SqlBean();
        ResultSet rs = db.executeQuery(Sql);
        return rs;
    }
    /*
     * 得到所有班级、教室信息
     * 返回类型：boolean
     @param id
     @return */
    public boolean hasLogin(String id) {
        boolean f = false;
        String Sql = "select id from classes where id = '"+id+"'";
```

```java
        SqlBean db = new SqlBean();
        try {
            ResultSet rs = db.executeQuery(Sql);
            if(rs.next()) { f = true;}
            else { f = false;}
        }catch(Exception e) { e.getMessage();}
        return f;
}
/*
* 判断该教师当前时间是否已经安排有课
* 返回类型：String
@param tea_id
@param cour_time
@return*/
public String hasMoreclass(String tea_id,String cour_time) {
//检查教师是否同一时间上两门课程
    String temp = "";
    String Sql = "select id from classes"+"where tea_id = '"+tea_id+"'and cour_time = '"+cour_time+"' ";
    SqlBean db = new SqlBean();
    try {
        ResultSet rs = db.executeQuery(Sql);
        if(rs.next()) { temp = rs.getString("id");}
        else { temp = "no";}
    }catch(Exception e) { System.out.print(e.getMessage());}
    return temp;
}
/*
* 根据传入的参数来增加班级信息
* 返回类型：void */
public void addClass() {
    String Sql = "insert into classes(id,tea_id,cour_id,room_id,cour_time) "+"values('"+id+"','"+tea_id+"','"+cour_id+"','"+room_id+"','"+cour_time+"') ";
    try {
        SqlBean db = new SqlBean();
        db.executeInsert(Sql);} catch(Exception e) {System.out.print(e.toString());
    }
}
/*
* 更新班级信息
* 返回类型：void
@param id
@param tea_id
@param cour_id
@param room_id
@param cour_time */
public void updateClass(String id,String tea_id,String cour_id, String room_id,String cour_time) {
    String Sql = "update classes "+" set tea_id = '"+tea_id+"',cour_id = '"+cour_id+"', "+"room_id = '"+room_id+"',cour_time = '"+cour_time+"' "+" where id = '"+id+"' ";
    SqlBean db = new SqlBean();
    db.executeInsert(Sql);
}
/*
* 更新班级信息
```

```
 * 返回类型：void
 @param id
 @param cour_id
 @param room_id */
 public void updateClass(String id,String cour_id, String room_id) {
     String Sql = "update classes "+" set cour_id = '"+cour_id+"',"+"room_id =
         '"+room_id+"'"+" where id = '"+id+"' ";
     SqlBean db = new SqlBean();
     db.executeInsert(Sql);
 }
 /*
  * 删除班级信息
  * 返回类型：int
  @param id
  @return */
 public int deleteClass(String id) {
     int num = 0;
     String Sql = "delete from classes where id = '"+id+"' ";
     SqlBean db = new SqlBean();
     num = db.executeDelete(Sql);
     return num;
 }
 /*
  * 根据班级表、课程表、教师表进行关联来得到所有班级信息
  * 返回类型：ResultSet
  @return */
 public ResultSet getClasses() {
     String Sql = "select classes.id,tea_id,cour_id,room_id,cour_time, "+"course.name as
         cour_name,teacher.name as tea_name "+"from classes ,course,teacher "+"where
         classes.cour_id = course.id "+"and classes.tea_id = teacher.id ";
     SqlBean db = new SqlBean();
     ResultSet rs = db.executeQuery(Sql);
     return rs;
 }
}
```

到此，整个学生课绩管理系统已讲解完毕。

实例 20 学生课绩管理系统的配置、测试与发布

下面是这个学生课绩管理系统应用系统的 web.xml 配置文件，其作用主要是配置 Servlet。

```xml
<web-app>
<servlet>
    <servlet-name>Test</servlet-name>
    <servlet-class>example4.TestServlet</servlet-class>
</servlet>
<servlet-mapping>
    <url-pattern>/Test</url-pattern>
    <servlet-name>Test</servlet-name>
</servlet-mapping>
<servlet>
    <servlet-name>ShowSession</servlet-name>
```

```xml
        <servlet-class>example4.ShowSession</servlet-class>
</servlet>
<servlet-mapping>
      <url-pattern>/ShowSession</url-pattern>
      <servlet-name>ShowSession</servlet-name>
</servlet-mapping>
<servlet>
<servlet-name>HelloWWW2</servlet-name>
<servlet-class>example4.HelloWWW2</servlet-class>
</servlet>
<servlet-mapping>
      <url-pattern>/HelloWWW2</url-pattern>
      <servlet-name>HelloWWW2</servlet-name>
</servlet-mapping>
<servlet>
      <servlet-name>ShowParameters</servlet-name>
      <servlet-class>example4.ShowParameters</servlet-class>
</servlet>
<servlet-mapping>
      <url-pattern>/ShowParameters</url-pattern>
      <servlet-name>ShowParameters</servlet-name>
</servlet-mapping>
<servlet>
      <servlet-name>ShowCGIVariables</servlet-name>
      <servlet-class>example4.ShowCGIVariables</servlet-class>
</servlet>
<servlet-mapping>
      <url-pattern>/ShowCGIVariables</url-pattern>
      <servlet-name>ShowCGIVariables</servlet-name>
</servlet-mapping>
<servlet>
      <servlet-name>login_confirm</servlet-name>
      <servlet-class>cla.login_confirm</servlet-class>
</servlet>
<servlet-mapping>
      <url-pattern>/login_confirm</url-pattern>
      <servlet-name>login_confirm</servlet-name>
</servlet-mapping>
<servlet>
      <servlet-name>StudentSvlt</servlet-name>
      <servlet-class>cla.StudentSvlt</servlet-class>
</servlet>
<servlet-mapping>
      <url-pattern>/StudentSvlt</url-pattern>
      <servlet-name>StudentSvlt</servlet-name>
</servlet-mapping>
<servlet>
      <servlet-name>TeacherSvlt</servlet-name>
      <servlet-class>cla.TeacherSvlt</servlet-class>
</servlet>
<servlet-mapping>
      <url-pattern>/TeacherSvlt</url-pattern>
      <servlet-name>TeacherSvlt</servlet-name>
</servlet-mapping>
<servlet>
      <servlet-name>CourseSvlt</servlet-name>
      <servlet-class>cla.CourseSvlt</servlet-class>
```

```xml
    </servlet>
    <servlet-mapping>
        <url-pattern>/CourseSvlt</url-pattern>
        <servlet-name>CourseSvlt</servlet-name>
    </servlet-mapping>
    <servlet>
        <servlet-name>ClassSvlt</servlet-name>
        <servlet-class>cla.ClassSvlt</servlet-class>
    </servlet>
    <servlet-mapping>
        <url-pattern>/ClassSvlt</url-pattern>
        <servlet-name>ClassSvlt</servlet-name>
    </servlet-mapping>
    <servlet>
        <servlet-name>StudentLoginSvlt</servlet-name>
        <servlet-class>cla.StudentLoginSvlt</servlet-class>
    </servlet>
    <servlet-mapping>
        <url-pattern>/StudentLoginSvlt</url-pattern>
        <servlet-name>StudentLoginSvlt</servlet-name>
    </servlet-mapping>
    <servlet>
        <servlet-name>MarkSvlt</servlet-name>
        <servlet-class>cla.MarkSvlt</servlet-class>
    </servlet>
    <servlet-mapping>
        <url-pattern>/MarkSvlt</url-pattern>
        <servlet-name>MarkSvlt</servlet-name>
    </servlet-mapping>
</web-app>
```

接下来我们介绍 Web 应用程序的测试和发布方法。首先，需要确保安装了 Web 服务器，如 Apache、Tomcat 或 IIS。在本例中我们使用 Tomcat——Sun 公司官方推荐的 Servlet 和 JSP 容器。其次，需要确保设置好环境变量，将 MySql 数据驱动程序的文件 mm.MySql-2.0.4-bin.jar 复制到%Tomcat_Home%\common\lib 目录下。

Tomcat 目录结构下的 webapps 用于存放应用程序示例，也就是将要部署的应用程序放到此目录下。在 webapps 目录下，我们可以看到 ROOT、examples、tomcat-docs 等 Tomcat 自带的目录。我们也可以在 webapps 目录下新建自己的目录，本例新建一个目录 myapp。在 myapp 下新建一个目录 WEB-INF（注意：目录名称是区分大小写的），在 WEB-INF 下新建一个文件 web.xml，内容如下：

```xml
<?xml version = "1.0" encoding = "ISO-8859-1"?>
<!--
    Copyright 2004 The Apache Software Foundation Licensed under the Apache License, Version 2.0(the "License");
    you may not use this file except in compliance with the License.
    You may obtain a copy of the License at http://www.apache.org/licenses/ LICENSE-2.0
    Unless required by applicable law or agreed to in writing, software distributed under the
```

```xml
License is distributed on an "AS IS" BASIS, WITHOUT WARRANTIES OR CONDITION
S OF ANY KIND, either express or implied. See the License for the specific language
    governing permissions and limitations under the License.
-->
<web-app xmlns = "http://java.sun.com/xml/ns/j2ee"
xmlns:xsi = "http://www.w3.org/2001/XMLSchema-instance"
xsi:schemaLocation = "http://java.sun.com/xml/ns/j2ee
http://java.sun.com/xml/ns/j2ee/web-app_2_4.xsd"
version = "2.4">
<display-name>Welcome to Tomcat</display-name>
<description>
    Welcome to Tomcat
</description>
<!-- JSPC servlet mappings start -->
<servlet>
    <servlet-name>org.apache.jsp.index_jsp</servlet-name>
    <servlet-class>org.apache.jsp.index_jsp</servlet-class>
</servlet>
<servlet-mapping>
    <servlet-name>org.apache.jsp.index_jsp</servlet-name>
    <url-pattern>/index.jsp</url-pattern>
</servlet-mapping>
<!-- JSPC servlet mappings end -->
</web-app>
```

接下来在 myapp 下新建一个测试的 JSP 页面，文件名为 index.jsp（内容略），重启 Tomcat，打开浏览器，输入 "http://localhost:8080/myapp/login.jsp"，如果显示出数据，就说明成功了。

将在学生课绩管理系统应用系统的源代码复制到相应的 Tomcat 应用程序目录，在浏览器中输入对应的 URL，便可以进行测试了。一旦测试成功，就可以发布该 Web 应用程序了。

项目小结

这一部分中我们详细介绍了两个 JSP 开发实例。项目八介绍了汽车租赁系统的开发过程，其中对用户管理模块、汽车管理模块和客户管理模块做了详细介绍。在开发过程中，将一些公共的类单独放到一个包中，这样是为了方便各模块调用该类。在页面验证中使用了 JavaScript 技术，读者可以阅读 JavaScript 的相关知识来进一步学习。

综合实训八介绍了学生课绩管理系统应用系统的设计及开发方法，对学生模块、教师模块和管理员模块进行了较全面和详细的分析说明。在整个系统中有以下几点需要特别注意：

（1）在一个 Web 应用程序中，我们需要对该系统功能进行分析，并将它模块化，这样对于其后的设计和代码编写将起到良好的指导作用。

（2）数据库设计时，我们需要选择合适的数据库，并使用存储过程对数据库进行访问和操作。

（3）Web 应用程序的安全性也是需要特别注意的。除了用户身份认证外，一些页面需限制未经登录的访问。在 JSP 程序中，要合理地使用 cookies 或 session，它们都可以实现跨网页的数据共享，并且具有有效时间。例如，我们可以将登录数据写入 session 对象，在用户浏览受到管制的网页时，都能先检查 session 对象中保存的数据，从而判断用户是否可以浏览网页，以达到控制的目的。

该系统的管理员模块中的班级管理是系统的一个难点。本例中给出的代码实现了这一功能，但不是唯一的方法。希望读者能从中受到启发，研究出其他执行效率更高的方法。

附录　学生课程管理系统管理员模块部分代码

以下是管理员模块的学生管理、教师管理、课程管理部分的程序代码。

一、管理员模块学生管理部分

学生管理页面 getStudent.jsp 的功能包括增加、删除、更新学生信息。getStudent.jsp 程序的代码如下：

```jsp
<!--用 page 指令定义脚本-->
<!--设定输出格式-->
<%@ page contentType = "text/html; charset = gb2312" language = "java" import = "java.
    Sql.* "
errorPage = "errorpage.jsp" %>
<html>
<head>
    <meta http-equiv = "Content-Type" content = "text/html; charset = gb2312">
    <title>学生</title>
</head>
<jsp:useBean id = "student" scope = "page" class = "cla.student"/>
<body bgcolor = "#0099FF" text = "#FFFFFF" link = "#33FF00">
<p>
<%
    String admin_id = (String)session.getAttribute("id"); /从 Session 中获得 id 值
    if(admin_id == null) {response.sendRedirect("login.jsp");}
    String name = "",id = "",password = "",jiguan = "",dep = "",sex = "",tel = "",
        mail = "";int mark = 0;
%>
</p>
<p> </p>
<p align = "center"><font color = "#00FF00" size = "+3" face = "华文行楷">
    所有学生</font> </p>
<p><a href = "addstudent.jsp"><font size = "+1" face = "华文行楷">增加学生</font></a>
</p>
<div align = "center">
<table width = "75%" border = "1">
<tr>
    <td>学生号</td>
    <td>姓名</td>
    <td>密码</td>
    <td>籍贯</td>
    <td>系别</td>
    <td>性别</td>
    <td>学分</td>
    <td>电话</td>
    <td><p>E-mail</p></td>
    <td>删除</td>
    <td>更新</td>
</tr>
<%
ResultSet rs = student.getStudent();
while(rs.next()) {
    id = rs.getString("id");
```

```
            name = rs.getString("name");
            password = rs.getString("password");
            jiguan = rs.getString("jiguan");
            dep = rs.getString("department");
            sex = rs.getString("sex");
            mark = rs.getInt("mark");
            tel = rs.getString("tel");
            if(tel == null || tel.equals(""))
                tel = "没有";
            mail = rs.getString("e_mail");
            if(mail == null || mail.equals(""))
                mail = "没有";
%>
<tr>
    <td><% = id%></td>
    <td><% = name%></td>
    <td><% = password%></td>
    <td><% = jiguan%></td>
    <td><% = dep%></td>
    <td><% = sex%></td>
    <td><% = mark%></td>
    <td><% = tel%></td>
    <td><% = mail%></td>
    <td><a href = "StudentSvlt?action = delete&id = <% = id%>">删除</a></td>
    <td><a href = "updatestu.jsp?id = <% = id%> ">更新</a> </td>
</tr>
<%
    }
%>
</table>
</div>
<p align = "center">  </p>
<a href = "admin.jsp">&lt;&lt;Back </a>
</body>
</html>
```

1. 更新学生信息

更新学生信息页面 updatestu.jsp 的功能是根据传进来的学生号来查找数据库并且显示出来，让管理员更新学生信息。updatestu.jsp 程序的代码如下：

```
<!--用 page 指令定义脚本-->
<!--设定输出格式-->
<%@ page contentType = "text/html; charset = gb2312" language = "java"
import = "java.Sql.*" errorPage = "" %>
<html>
<head>
    <meta http-equiv = "Content-Type" content = "text/html; charset = gb2312">
    <title>更新</title>
</head>
<body bgcolor = "#0099FF" text = "#FFFFFF" link = "#33FF00">
<jsp:useBean id = "stu" scope = "request" class = "cla.student"/>
<p>
<%
```

```jsp
        String stu_id = request.getParameter("id");
%>
</p>
<p align = "center"><font color = "#00FF00" size = "+3" face = "方正舒体">更新学生
    </font> </p>
<p align = "center"> </p>
<form method = "post" action = "StudentSvlt">
<input type = "hidden" name = "action" value = "update">
<input type = "hidden" name = "id" value = "<% = stu_id%>">
<table width = "49%" height = "50" border = "1" align = "center"
cellpadding = "0" cellspacing = "0">
<tr>
    <td width = "48%">学生姓名</td>
    <td width = "52%"><input name = "name" type = "text" id = "name" ></td>
</tr>
<tr>
    <td>密码</td>
    <td><input name = "password" type = "password" id = "password"maxlength = "10">
</td>
</tr>
<tr>
    <td>学生所在系</td>
    <td><select name = "dep" size = "1" id = "dep">
    <option>计算机系</option>
    <option>机械系</option>
    <option>电子系</option>
    <option>数理系</option>
    </select></td>
</tr>
<tr>
    <td>性别</td>
    <td><select name = "sex" size = "1" id = "select">
    <option>男</option>
    <option>女</option>
    </select></td>
</tr>
<tr>
    <td>籍贯</td>
    <td><select name = "jiguan" size = "1" id = "jiguan">
    <option>陕西</option>
    <option>河南</option>
    <option>山东</option>
    <option>内蒙古</option>
    <option>河北</option>
    </select></td>
</tr>
</table>
<p align = "center">
    <input type = "submit" name = "Submit" value = "提交">
</p>
</form>
<p> </p>
<p><a href = "getStudent.jsp">&lt;&lt;Back</a></p>
</body>
```

```
</html>
```

2. 增加学生信息

增加学生信息页面 addstudent.jsp 的功能是增加学生信息。addstudent.jsp 程序的代码如下：

```jsp
<!--用 page 指令定义脚本-->
<!--设定输出格式-->
<%@ page contentType = "text/html; charset = gb2312" language = "java"
import = "java.Sql.*" errorPage = "errorpage.jsp" %>
<html>
<head>
    <meta http-equiv = "Content-Type" content = "text/html; charset = gb2312">
    <title>增加学生</title>
</head>
<body bgcolor = "#0099FF" text = "#FFFFFF">
<p>
<%
    String admin_id = (String)session.getAttribute("id");
    if(admin_id == null) {response.sendRedirect("login.jsp");}
%>
</p>
<p align = "center"><font color = "#00FF00" size = "+3" face = "华文行楷">新增学生
    </font> </p>
<form name = "form1" method = "post" action = "StudentSvlt">
<input type = "hidden" name = "action" value = "new">
<p> </p>
<table width = "49%" height = "50" border = "1" align = "center"
    cellpadding = "0" cellspacing = "0">
<tr>
    <td width = "48%">学生号</td>
    <td width = "52%"><input name = "id" type = "text" id = "id" ></td>
</tr>
<tr>
    <td>学生姓名</td>
    <td><input name = "name" type = "text" id = "name" ></td>
</tr>
<tr>
    <td>密码</td>
    <td><input name = "password" type = "password" id = "password"maxlength = "10">
</td>
</tr>
<tr>
    <td>学生所在系</td>
    <td><select name = "dep" size = "1" id = "dep">
    <option>计算机系</option>
    <option>机械系</option>
    <option>电子系</option>
    <option>数理系</option>
    </select></td>
</tr>
<tr>
```

```
        <td>性别</td>
        <td><select name = "sex" size = "1" id = "sex">
        <option>男</option>
        <option>女</option>
        </select></td>
</tr>
<tr>
        <td>籍贯</td>
        <td><select name = "jiguan" size = "1" id = "jiguan">
        <option>陕西</option>
        <option>河南</option>
        <option>山东</option>
        <option>内蒙古</option>
        <option>河北</option>
        <option>江苏</option>
        </select></td>
</tr>
</table>
<p> </p>
<p align = "center">
        <input type = "submit" name = "Submit" value = "确定">
</p>
</form>
<a href = "getStudent.jsp">&lt;&lt;Back </a>
</body>
</html>
```

3. 删除学生信息

当单击"删除"栏的"删除"按钮时，就完成了删除学生信息。其方法如下：

```
if("delete".equalsIgnoreCase(action) {
    try {
        success = doDelete(stu_id);
    }catch(SQLException e) {}
    if(success != 1) {
        doError(req, res, "StudentSvlt: Delete unsuccessful. Rows affected: " + success);
    } else   {
        res.sendRedirect("http://localhost:8080/myapp/getStudent.jsp");
    }
}
```

4. 封装学生业务处理类Servlet

下面介绍的是封装学生业务处理类 Servlet：StudentSvlt.java。StudentSvlt.java 的源程序如下：

```
package cla;
import java.io.*;
import java.Sql.*;
import javax.servlet.*;
import javax.servlet.http.*;
```

```java
/*
 * 学生业务的 Servlet */
public class StudentSvlt extends HttpServlet {
    public void doGet(HttpServletRequest req, HttpServletResponse res) throws
        ServletException, IOException {
            String stu_id = req.getParameter("id");
            int success = 0;
            String action = action = req.getParameter("action");
            student stu = null;
            String message = "";
            if("new".equalsIgnoreCase(action)) {// 增加学生
                stu = doNew(req,res);
                sendBean(req, res, stu, "/myapp/getStudent.jsp");
            }
            if("update".equalsIgnoreCase(action)) {// 更新学生
                try {
                    stu = doUpdate(req,res, stu_id);
                    sendBean(req,res,stu,"/myapp/getStudent.jsp");
                }catch(SQLException e) {}
            }
            if("delete".equalsIgnoreCase(action)) {//删除学生
                try {
                    success = doDelete(stu_id);//删除学生
                }catch(SQLException e) {}
        if(success != 1) {
            doError(req, res, "StudentSvlt: Delete unsuccessful. Rows affected: " +success);
        } else {
            res.sendRedirect("http://localhost:8080/myapp/getStudent.jsp");
        }
    }
}
/**
 * 增加学生 */
    public student doNew(HttpServletRequest req,HttpServletResponse res ) throws
        ServletException,IOException {
            student stu = new student();
            String stu_id = req.getParameter("id");
            String name = new String(req.getParameter("name").getBytes("ISO8859_1"));
            String password = req.getParameter("password");
            String dep = new String(req.getParameter("dep").getBytes("ISO8859_1"));
            String sex = new String(req.getParameter("sex").getBytes("ISO8859_1"));
            String jiguan = new String(req.getParameter("jiguan").getBytes("ISO8859_1"));
            if(isTrue(req,res,stu_id,name,password) && hasLogin(req,res,stu_id)) {
                stu.setId(stu_id);
                stu.setName(name);
                stu.setPassword(password);
                stu.setDep(dep);
                stu.setSex(sex);
                stu.setJiguan(jiguan);
                stu.addStudent(); }
                return stu;
        }
/**
 * 更新学生 */
    public student doUpdate(HttpServletRequest req,HttpServletResponse res , String id)
        throws ServletException,IOException,SQLException {
```

```java
            student stu = new student();
            String name = new String(req.getParameter("name").getBytes("ISO8859_1"));
            String password = req.getParameter("password");
            String dep = new String(req.getParameter("dep").getBytes("ISO8859_1"));
            String sex = new String(req.getParameter("sex").getBytes("ISO8859_1"));
            String jiguan = new String(req.getParameter("jiguan").getBytes("ISO8859_1"));
            if(isTrue(req,res,id,name,password)) {
                stu.setId(id);
                stu.setName(name);
                stu.setPassword(password);
                stu.setDep(dep);
                stu.setSex(sex);
                stu.setJiguan(jiguan);
                stu.updateStudent();}
            return stu;
        }
/*
 * 删除学生
 * 返回类型：int
 @param id
 @return
 @throws SQLException */
        public int doDelete(String id) throws SQLException {
            int num = 0;
            student stu = new student();
            num = stu.deleteStudent(id);
            return num;
        }
/*
 * 上面的操作成功后，这个方法起到页面跳转作用
 * 返回类型：void
 @param req
 @param res
 @param stu
 @param target
 @throws ServletException
 @throws IOException */
        public void sendBean(HttpServletRequest req, HttpServletResponse res, student stu,
                String target) throws ServletException, IOException {
            req.setAttribute("stu", stu);
            RequestDispatcher rd = getServletContext().getRequestDispatcher(target);
            rd.forward(req, res);
        }
/*
 *
 * 页面出错时跳转到的页面
 * 返回类型：void
 @param req
 @param res
 @param str
 @throws ServletException
 @throws IOException */
        public void doError(HttpServletRequest req,HttpServletResponse res,String str) throws
                ServletException, IOException {
            req.setAttribute("problem", str);
            RequestDispatcher rd = getServletContext().getRequestDispatcher("/myapp/
```

```java
            errorpage.jsp");
            rd.forward(req, res);
    }
/*
 * 判断学生号已经被注册过
 * 返回类型：boolean
 @param req
 @param res
 @param id
 @return
 @throws ServletException
 @throws IOException */
    public boolean hasLogin(HttpServletRequest req, HttpServletResponse res,String id)
        throws ServletException, IOException {
            boolean f = true;
            String message = "对不起，该学生号已经被注册过了!";
            student stu = new student();
            f = stu.hasLogin(id);
            if(f == false) {
                doError(req,res,message);
            }
            return f;
    }
/*
 * 判断录入的是否正确
 * 返回类型：boolean
 @param req
 @param res
 @param id
 @param name
 @param password
 @return
 @throws ServletException
 @throws IOException */
    public boolean isTrue(HttpServletRequest req, HttpServletResponse res, String id,String
        name,String password) throws ServletException, IOException {
            boolean f = true;
            String message = "";
            if(id == null || id.equals("")) {
                f = false;
                message = "错误，学生号不能为空！";
                doError(req,res,message);
            }
            if(name == null || name.equals("")) {
                f = false;
                message = "学生姓名不能为空，请重新填写！";
                doError(req,res,message);
            }
            if(password == null || password.equals("")) {
                f = false;
                message = "密码不能为空，请重新填写！";
                doError(req,res,message); }
                return f;
            }
    public void doPost(HttpServletRequest req, HttpServletResponse res) throws
        ServletException, IOException {
```

```
            doGet(req, res);
    }
}
```

下面介绍的是封装学生业务处理类JavaBeans: student.java。student.java 的源程序如下:

```java
package cla;
import java.Sql.*;
/*
* 封装学生业务处理类 JavaBean */
public class student {
    private String name;
    private String password;
    private String id;
    private String jiguan;
    private String sex;
    private String dep;
    public void setDep(String s) {
        dep = s;
    }
    public String getDep() {
        return dep;
    }
    public void setSex(String s) {
        sex = s;
    }
    public String getSex() {
        return sex;
    }
    public String getId() {
        return id;
    }
    public void setId(String id) {
        this.id = id;
    }
    public String getName() {
        return name;
    }
    public void setName(String name) {
        this.name = name;
    }
    public String getPassword() {
        return password;
    }
    public void setPassword(String password) {
        this.password = password;
    }
    public String getJiguan() {
        return jiguan;
    }
    public void setJiguan(String jiguan) {
        this.jiguan = jiguan;
    }
```

```java
/*
 * 检查该学生是否已经注册返回类型：boolean @param id @return */
public boolean hasLogin(String id) { // 检查该学生是否已经注册
    boolean f = true;
    String Sql = "select id from student where id = '" + id + "'";
    SqlBean db = new SqlBean();
    try {
        ResultSet rs = db.executeQuery(Sql);
        if(rs.next()) {
            f = false;
        } else {
            f = true;
        }
    } catch(Exception e) {
        e.getMessage();
    }
    return f;
}
/*
 * 得到所有学生返回类型：ResultSet @return */
public ResultSet getStudent() {
    String Sql = "select * from student ";
    SqlBean db = new SqlBean();
    ResultSet rs = db.executeQuery(Sql);
    return rs;
}
/*
 * 更新学生返回类型: void */
public void updateStudent() {
    String Sql = "update student " + " set name = '" + name + "',sex = '" + sex+ "',
    department = '" + dep + "', " + "password = '" + password+ "',jiguan = '" + jiguan
    + "' " + " where id = '" + id + "' ";
    SqlBean db = new SqlBean();
    db.executeInsert(Sql);
}
/*
 * 删除学生返回类型: void */
public void deleteStudent() {
    String Sql = "delete from student where id = '" + id + "' ";
    SqlBean db = new SqlBean();
    db.executeDelete(Sql);
}
/*
 * 删除学生返回类型: int @param id @return */
public int deleteStudent(String id) {
    int num = 0;
    String Sql = "delete from student where id = '" + id + "' ";
    SqlBean db = new SqlBean();
    num = db.executeDelete(Sql);
    return num;
}
/*
 * 增加学生返回类型: void */
public void addStudent() {
    String Sql = "insert into student(name,password,id,sex,department,jiguan) "+ "VALUES('
    "+ name+ "','"+ password+ "','"+ id+ "','"+ sex + "','" + dep + "','" + jiguan + "')";
```

```
    SqlBean db = new SqlBean();
    db.executeInsert(Sql);
  }
}
```

二、管理员模块教师管理部分

教师管理页面 getteacher.jsp 的功能包括增加、删除、更新教师信息。getteacher.jsp 程序的代码如下：

```
<!--用 page 指令定义脚本-->
<!--设定输出格式-->
<%@ page contentType = "text/html; charset = gb2312" language = "java"
import = "java.Sql.*" errorPage = "" %>
<html>
<head>
    <meta http-equiv = "Content-Type" content = "text/html; charset = gb2312">
    <title>所有教师</title>
</head>
<jsp:useBean id = "teacher" scope = "page" class = "cla.teacher"/>
<body bgcolor = "#0099FF" text = "#FFFFFF" link = "#00FF00">
<%
    String id = "",name = "",title = "",password = "";
%>
<p align = "center"><font color = "#00FF00" size = "+3" face = "华文行楷">所有教师
    </font> </p>
<p><a href = "addteacher.jsp">新增教师</a></p>
<p> </p>
<table width = "75%" border = "1" align = "center">
<tr>
    <td>教师号</td>
    <td>姓名</td>
    <td>职称</td>
    <td>密码</td>
    <td>删除</td>
    <td>更改</td>
</tr>
<!--根据 id 值，调用 JavaBean 的查询数据库的方法，从而得到 ResultSet 类型的结果集-->
<%
ResultSet rs = teacher.getAll();
while(rs.next()) {
    id = rs.getString("id");
    name = rs.getString("name");
    title = rs.getString("title");
    password = rs.getString("password");
%>
    <tr>
        <td><% = id%></td>
        <td><% = name%></td>
        <td><% = title%></td>
        <td><% = password%></td>
```

```
        <td><a href = "TeacherSvlt?action = delete&id = <% = id%>">删除</a></td>
        <td><a href = "updatetea.jsp?id = <% = id%> ">更新</a></td>
    </tr>
<%
}
%>
</table>
<p><a href = "admin.jsp">&lt;&lt;BackTo Admin</a></p>
</body>
</html>
```

1. 更新教师信息

更新教师信息页面 updatetea.jsp 的功能是根据传进来的教师号来查找数据库并且显示出来，让管理员更新教师信息。updatetea.jsp 程序的代码如下：

```
<!--用 page 指令定义脚本-->
<!--设定输出格式-->
<%@ page contentType = "text/html; charset = gb2312" language = "java"
import = "java.Sql.*" errorPage = "errorpage.jsp" %>
<html>
<head>
    <meta http-equiv = "Content-Type" content = "text/html; charset = gb2312">
    <title>更新教师</title>
</head>
<body bgcolor = "#0099FF" text = "#FFFFFF">
<%
    String tea_id = request.getParameter("id");
    session.setAttribute("id",String.valueOf(tea_id));
%>
<p align = "center"><font color = "#00FF00" size = "+3" face = "方正舒体">更新教师
</font></p>
<p align = "center"> </p>
<form name = "form1" method = "get" action = "TeacherSvlt">
<input type = "hidden" name = "action" value = "update">
<input type = "hidden" name = "id" value = "<% = tea_id%>">
<table width = "51%" border = "1" align = "center">
<tr>
    <td width = "33%">教师姓名</td>
    <td width = "67%"><input name = "name" type = "text" id = "name"></td>
</tr>
<tr>
    <td>密码</td>
    <td><input name = "password" type = "password" id = "password"></td>
</tr>
<tr>
    <td>职称</td>
    <td><select name = "title" size = "1" id = "title">
    <option>讲师</option>
    <option>教授</option>
    </select></td>
</tr>
</table>
```

```
<p align = "center">
    <input type = "submit" name = "Submit" value = "提交">
</p>
</form>
<p> </p>
<p><a href = "getteacher.jsp">&lt;&lt;Back</a></p>
</body>
</html>
```

2. 增加教师信息

增加教师信息页面 addteacher.jsp 的功能是增加教师信息。addteacher.jsp 程序的代码如下：

```
<!--用 page 指令定义脚本-->
<!--设定输出格式-->
<%@ page contentType = "text/html; charset = gb2312" language = "java" import = "java.Sql.* " errorPage = "errorpage.jsp" %>
<html>
<head>
    <meta http-equiv = "Content-Type" content = "text/html; charset = gb2312">
    <title>增加教师</title>
</head>
<body bgcolor = "#0099FF" text = "#FFFFFF" link = "#66FF00">
<p>
<%
    String admin_id = (String)session.getAttribute("id");
    if(admin_id == null) {response.sendRedirect("login.jsp");}
%>
</p>
<p align = "center"><font color = "#00FF00" size = "+3" face = "华文行楷">新增教师
    </font> </p>
<form name = "form1" method = "post" action = "TeacherSvlt">
<input type = "hidden" name = "action" value = "new">
<p> </p>
<div align = "center">
<table width = "51%" border = "1">
<tr>
    <td width = "33%">教师姓名</td>
    <td width = "67%"><input name = "name" type = "text" id = "name"></td>
</tr>
<tr>
    <td>教师号</td>
    <td><input name = "id" type = "text" id = "id"></td>
</tr>
<tr>
    <td>密码</td>
    <td><input name = "password" type = "password" id = "password"></td>
</tr>
<tr>
    <td>职称</td>
    <td><select name = "title" size = "1" id = "title">
    <option>讲师</option>
```

```html
      <option>教授</option>
    </select></td>
</tr>
</table>
<p>
    <input name = "确定" type = "submit" id = "确定" value = "提交">
</p>
</div>
</form>
<p> </p>
<p><a href = "getteacher.jsp">&lt;&lt;Back</a></p>
</body>
</html>
```

3. 删除教师信息

当单击"删除"栏的"删除"按钮时,就完成了教师信息删除。其方法如下:

```java
if("delete".equalsIgnoreCase(action)) {
    try { //删除教师
        success = doDelete(tea_id);
    }catch(SQLException e) {}
    if(success != 1) {
        doError(req, res, "TeacherSvlt: Delete unsuccessful. Rows affected: " +success);
    } else {
        res.sendRedirect("http://localhost:8080/myapp/getteacher.jsp");
    }
}
```

4. 封装教师业务处理类Servlet

下面介绍的是封装教师业务处理类 Servlet:TeacherSvlt.java。注意在这个类中,增加与更新教师时的判断:判断录入的是否正确;该教师号已经被注册过了等。TeacherSvlt.java 的源程序如下:

```java
package cla;
import java.io.*;
import java.Sql.*;
import javax.servlet.*;
import javax.servlet.http.*;
/*
* 管理教师业务的 Servlet;注意在增加与更新的判断:判断录入的是否正确;该教师号已经被注册过了 */
public class TeacherSvlt extends HttpServlet {
    public void doGet(HttpServletRequest req, HttpServletResponse res) throws
        ServletException, IOException {
        String tea_id = req.getParameter("id");
        int success = 0;
        String action = action = req.getParameter("action");
        teacher tea = null;
        String message = "";
        if("new".equalsIgnoreCase(action)) {// 增加教师
```

```java
            tea = doNew(req,res);
            sendBean(req, res, tea, "/myapp/getteacher.jsp");
        }
        if("update".equalsIgnoreCase(action)) {// 更新教师
            try {
                tea = doUpdate(req,res, tea_Id);
                sendBean(req,res,tea,"/myapp/getteacher.jsp");
            }catch(SQLException e) {}
        }
        if("delete".equalsIgnoreCase(action)) {// 删除教师
            try { //删除教师
                success = doDelete(tea_id);
            }catch(SQLException e) {}
            if(success != 1) {
             doError(req, res, "TeacherSvlt: Delete unsuccessful. Rows affected: " +success);
            } else {
                res.sendRedirect("http://localhost:8080/myapp/getteacher.jsp");
            }
        }
    }
}
/*
* 增加新的教师
* 返回类型：teacher
@param req
@param res
@return
@throws ServletException
@throws IOException */
public teacher doNew(HttpServletRequest req,HttpServletResponse res ) throws
    ServletException,IOException {
    teacher tea = new teacher();
    String tea_id = req.getParameter("id");
    String name = new String(req.getParameter("name").getBytes("ISO8859_1"));
    String password = req.getParameter("password");
    String title = new String(req.getParameter("title").getBytes("ISO8859_1"));
    //判断教师号已经被注册过；判断录入的是否正确
    if(isTrue(req,res,tea_id,name,password) && hasLogin(req,res,tea_id)) {
        tea.setId(tea_id);
        tea.setName(name);
        tea.setPassword(password);
        tea.setTitle(title);
        tea.addTeacher();
    }
    return tea;
}
/*
* 更新教师信息
* 返回类型：teacher
@param req
@param res
@param id
@return
@throws ServletException
@throws IOException
@throws SQLException */
```

```java
public teacher doUpdate(HttpServletRequest req,HttpServletResponse res , String id) throws
    ServletException,IOException,SQLException {
    teacher tea = new teacher();
    String name = new String(req.getParameter("name").getBytes("ISO8859_1"));
    String password = req.getParameter("password");
    String title = new String(req.getParameter("title").getBytes("ISO8859_1"));
    if(isTrue(req,res,id,name,password)) {
        tea.setId(id);
        tea.setName(name);
        tea.setPassword(password);
        tea.setTitle(title);
        tea.update();
    }
    return tea;
}
/*
* 删除教师信息
* 返回类型：int
@param id
@return
@throws SQLException */
public int doDelete(String id) throws SQLException {
    int num = 0;
    teacher tea = new teacher();
    num = tea.delete(id);
    return num;
}
/*
* 上面的操作成功后，这个方法起到页面跳转作用
* 返回类型：void
@param req
@param res
@param tea
@param target
@throws ServletException
@throws IOException */
public void sendBean(HttpServletRequest req, HttpServletResponse res, teacher tea, String
    target) throws ServletException, IOException {
    req.setAttribute("tea", tea);
    RequestDispatcher rd = getServletContext().getRequestDispatcher(target);
    rd.forward(req, res);
}
/*
* 页面出错时跳转到的页面
* 返回类型：void
@param req
@param res
@param str
@throws ServletException
@throws IOException */
public void doError(HttpServletRequest req, HttpServletResponse res, String str) throws
    ServletException, IOException {
    req.setAttribute("problem", str);
    RequestDispatcher rd = getServletContext().getRequestDispatcher("/myapp/errorpage.jsp");
    rd.forward(req, res);
}
```

```java
/*
 * 判断教师号已经被注册过
 * 返回类型：boolean
 @param req
 @param res
 @param id
 @return
 @throws ServletException
 @throws IOException */
public boolean hasLogin(HttpServletRequest req, HttpServletResponse res,String id) throws
    ServletException, IOException {
    boolean f = true;
    String message = "对不起，该教师号已经被注册过了!";
    teacher tea = new teacher();
    f = tea.hasLogin(id);
    if(f == false) {
        doError(req,res,message);
    }
    return f;
}
/*
 * 判断录入的是否正确
 * 返回类型：boolean
 @param req
 @param res
 @param id
 @param name
 @param password
 @return
 @throws ServletException
 @throws IOException */
public boolean isTrue(HttpServletRequest req, HttpServletResponse res, String id,String
    name,String password) throws ServletException, IOException {
    boolean f = true;
    String message = "";
    if(id == null || id.equals("")) {
        f = false;
        message = "错误，教师号不能为空！";
        doError(req,res,message);
    }
    if(name == null || name.equals("")) {
        f = false;
        message = "教师姓名不能为空，请重新填写！";
        doError(req,res,message);
    }
    if(password == null || password.equals("")) {
        f = false;
        message = "密码不能为空，请重新填写！";
        doError(req,res,message);
    }
    return f;
}
public void doPost(HttpServletRequest req, HttpServletResponse res) throws
    ServletException, IOException {
    doGet(req, res);
```

```
        }
}
```

下面介绍的是封装教师业务处理类 JavaBeans: teacher.java。teacher.java 的源程序如下:

```java
package cla;
import java.Sql.*;
public class teacher {
/*
* 通过 get()、set()方法来得到教师信息 */
String id;
String name;
String password;
String title;
public void setPassword(String s) {password = s;}
public String getPassword() {return password;}
public void setName(String s) {name = s;}
public String getName() {return name;}
public void setTitle(String s) {title = s;}
public String getTitle() {return title;}
public String getId() {return id;}
public void setId(String id) {this.id = id;}
/*
* 得到所有课程
* 返回类型: ResultSet
@return */
public ResultSet getCourse() {
    String Sql = "select course.name "+"from classes,course "+"where classes.tea_id = "
         +"'"+id+"' "+"and course.id = classes.cour_id";
    SqlBean SqlBean = new SqlBean();
    ResultSet rs = SqlBean.executeQuery(Sql);
    return rs;
}
/*
* 检查该教师是否已经注册
* 返回类型: boolean
@param id
@return */
public boolean hasLogin(String id) {  //检查该教师是否已经注册
    boolean f = true;
    String Sql = "select id from teacher where id = '"+id+"'";
    SqlBean db = new SqlBean();
    try {
        ResultSet rs = db.executeQuery(Sql);
        if(rs.next()) { f = false;}
        else { f = true;}
    }catch(Exception e) { e.getMessage();}
    return f;
}
/*
* 增加教师
* 返回类型: void */
public void addTeacher() {
```

```java
        String Sql = "insert into teacher(id,name,title,password) "+ "values('"+id+"','"+name+
            "','"+title+"','"+password+"') ";
        SqlBean db = new SqlBean();
        db.executeInsert(Sql);
    }
    /*
     * 得到所有教师
     * 返回类型：ResultSet
     @return */
    public ResultSet getAll() {
        String Sql = "select * from teacher";
        SqlBean db = new SqlBean();
        ResultSet rs = db.executeQuery(Sql);
        return rs;
    }
    /*
     * 更新教师信息
     * 返回类型：void */
    public void update()   {
        String Sql = "update teacher set name = '"+name+"', "+"title = '"+title+"' ,password =
            '"+password+"' "+"where id = '"+id+"' ";
        SqlBean db = new SqlBean();
        db.executeInsert(Sql);
    }
    /*
     * 删除教师信息
     * 返回类型：int
     @param id
     @return */
    public int delete(String id) {
        int num = 0;
        String Sql = "delete from teacher where id = '"+id+"' ";
        SqlBean db = new SqlBean();
        num = db.executeDelete(Sql);
        return num;
    }
}
```

三、课程管理部分

课程管理页面 getcourse.jsp 的功能包括增加、删除、更新课程信息。getcourse.jsp 程序的代码如下：

```jsp
<!--用 page 指令定义脚本-->
<!--设定输出格式-->
<%@ page contentType = "text/html; charset = gb2312" language = "java"
import = "java.Sql.*" errorPage = "errorpage.jsp" %>
<html>
<head>
    <meta http-equiv = "Content-Type" content = "text/html; charset = gb2312">
    <title>所有课程</title>
</head>
```

```jsp
<jsp:useBean id = "course" scope = "page" class = "cla.course"/>
<body bgcolor = "#0099FF" text = "#FFFFFF" link = "#00FF00">
<div align = "center">
<p>
<%
    String id = "",name = "",prepare = "",dep = "";
    int mark = 0;
%>
<font color = "#00FF00" size = "+3" face = "方正舒体">所有课程</font> </p>
<p> </p>
<p align = "left"><a href = "Addcourse.jsp"><font size = "+1" face = "方正舒体"><strong>新增课程</strong></font></a></p>
</div>
<div align = "center">
<table width = "75%" border = "1">
<tr>
    <td>课程号</td>
    <td>课程名</td>
    <td>学分</td>
    <td>预修课</td>
    <td>所在系</td>
    <td>删除</td>
    <td>更新</td>
</tr>
<!--根据 id 值，调用 JavaBean 的查询数据库的方法，从而得到 ResultSet 类型的结果集-->
<%
ResultSet rs = course.getCourse();
while(rs.next()) {
    id = rs.getString("id");
    name = rs.getString("name");
    mark = rs.getInt("mark");
    prepare = rs.getString("prepare");
    dep = rs.getString("dep");
%>
    <tr><td><% = id%></td><td><% = name%></td><td><% = mark%></td><td><% =
        prepare%>
    </td>
    <td><% = dep%></td>
    <td><a href = "CourseSvlt?action = delete&id = <% = id%>">删除</a></td>
    <td><a href = "updatecour.jsp?id = <% = id%> ">更新</a></td></tr>
    <%
}
%>
</table>
</div>
<p align = "left"><a href = "admin.jsp">&lt;&lt;BackTo Admin</a></p>
</body>
</html>
```

1. 更新课程信息

更新课程信息页面 updatecour.jsp 的功能是根据传进来的课程号来查找数据库并且显示出来，让管理员更新课程信息。updatecour.jsp 程序的代码如下：

```jsp
<!--用 page 指令定义脚本-->
<!--设定输出格式-->
<%@ page contentType = "text/html; charset = gb2312" language = "java"
import = "java.Sql.*" errorPage = "errorpage.jsp" %>
<html>
    <head>
    <meta http-equiv = "Content-Type" content = "text/html; charset = gb2312">
    <title>确定课程</title>
</head>
<jsp:useBean id = "course" scope = "page" class = "cla.course"/>
<body bgcolor = "#0099FF" text = "#FFFFFF" link = "#33FF00">
<p>
<%
    String id = "",name = "";
    id = request.getParameter("id");
%>
<form method = "post" action = "CourseSvlt">
<input type = "hidden" name = "action" value = "update">
<input type = "hidden" name = "id" value = "<% = id%>">
</p>
<p align = "center"><font color = "#00FF00" size = "+3" face = "方正舒体">更新课程
    </font> </p>
<p align = "center"> </p>
<table width = "37%" border = "1" align = "center">
<tr>
    <td width = "37%">课程名</td>
    <td width = "63%"><input name = "name" type = "text" id = "name"></td>
</tr>
<tr>
    <td>学分</td>
    <td><select name = "mark" size = "1" id = "mark">
    <option value = "1">1</option>
    <option value = "2">2</option>
    <option value = "3">3</option>
    <option value = "4">4</option>
    <option value = "5">5</option>
    </select></td>
</tr>
<tr>
    <td>系别</td>
    <td><select name = "dep" size = "1" id = "dep">
    <option>public</option>
    <option>计算机系</option>
    <option>机械系</option>
    <option>艺术系</option>
    <option>数理系</option>
    </select></td>
</tr>
<tr>
    <td>预修课</td>
    <td><select name = "prepare" size = "1" id = "prepare">
    <option value = "0">无预修课</option>
<!--根据 id 值，调用 JavaBean 的查询数据库的方法，从而得到 ResultSet 类型的结果集-->
<%
ResultSet rs = course.getPrepares();
```

```
while(rs.next()) {
    name = rs.getString("name");
    id = rs.getString("id");
    %>
        <option value = "<% = id%>"><% = name%></option>
    <%
}
%>
</select> </td>
</tr>
</table>
<p> </p><p align = "center">
    <input type = "submit" name = "Submit" value = "提交">
</p>
</form>
<p> </p>
<p><a href = "getcourse.jsp">&lt;&lt;Back</a> </p>
</body>
</html>
```

2. 增加课程信息

增加课程信息页面 Addcourse.jsp 的功能是增加课程信息。Addcourse.jsp 程序的代码如下：

```
<!--用 page 指令定义脚本-->
<!--设定输出格式-->
<%@ page contentType = "text/html; charset = gb2312" language = "java"
import = "java.Sql.*" errorPage = "errorpage.jsp" %>
<html>
<head>
    <meta http-equiv = "Content-Type" content = "text/html; charset = gb2312">
    <title>增加课程</title>
</head>
<jsp:useBean id = "course" scope = "session" class = "cla.course"/>
<body bgcolor = "#0099FF" text = "#FFFFFF" link = "#66FF00">
<p>
<%
    String admin_id = (String)session.getAttribute("id");
    if(admin_id == null) {response.sendRedirect("login.jsp");}
String cour_name = "",cour_id = "";
%>
</p>
<p align = "center"><font color = "#00FF00" size = "+3" face = "华文行楷">新增课程
    </font> </p>
<form name = "form1" method = "post" action = "CourseSvlt">
<input type = "hidden" name = "action" value = "new">
<p> </p>
<div align = "center"></div>
<table width = "37%" border = "1" align = "center">
<tr>
    <td width = "37%">课程名</td>
    <td width = "63%"><input name = "name" type = "text" id = "name"></td>
</tr>
```

```html
<tr>
    <td>课程号</td>
    <td><input name = "id" type = "text" id = "id"></td>
</tr>
<tr>
    <td>学分</td>
    <td><select name = "mark" size = "1" id = "mark">
    <option value = "1">1</option>
    <option value = "2">2</option>
    <option value = "3">3</option>
    <option value = "4">4</option>
    <option value = "5">5</option>
    </select></td>
</tr>
<tr>
    <td>系别</td>
    <td><select name = "dep" size = "1" id = "dep">
    <option>public</option>
    <option>计算机系</option>
    <option>机械系</option>
    <option>电子系</option>
    <option>数理系</option>
    </select></td>
</tr>
<tr>
    <td>预修课</td>
    <td><select name = "prepare" size = "1" id = "prepare">
    <option value = "0">无预修课</option>
<!--根据id值，调用JavaBean的查询数据库的方法，从而得到ResultSet类型的结果集-->
<%
ResultSet rs = course.getPrepares();
while(rs.next()) {
    cour_name = rs.getString("name");
    cour_id = rs.getString("id");
    %>
    <option value = "<% = cour_id%>"><% = cour_name%></option>
    <%
}
%>
</select>
</td>
</tr>
</table>
<p align = "center">
    <input type = "submit" name = "Submit2" value = "确定">
</p>
<p> </p>
</form>
<p><a href = "getcourse.jsp">&lt;&lt;Back </a></p>
</body>
</html>
```

3. 删除课程信息

当单击"删除"栏的"删除"按钮时，就完成了删除课程信息。其方法如下：

```
if("delete".equalsIgnoreCase(action)) {
    try {
        success = doDelete(cour_id);
    }catch(SQLException e) {}
    if(success != 1) {
        doError(req, res, "CourseSvlt: Delete unsuccessful. Rows affected: " +success);
    } else {
        res.sendRedirect("http://localhost:8080/myapp/getcourse.jsp");
    }
}
```

4. 封装课程业务处理类Servlet

下面介绍的是封装课程业务处理类 Servlet：CourseSvlt.java。注意在增加与更新课程时的判断：判断录入的是否正确；该课程号已经被注册过了；判断课程所在系与预修课所在系是否不一致等。CourseSvlt.java 的源程序如下：

```
package cla;
import java.io.*;
import java.Sql.*;
import javax.servlet.*;
import javax.servlet.http.*;
/*
* 管理课程业务的Servlet,注意在增加与更新时的判断：判断录入的是否正确;该课程
号已经被注册过了;判断课程所在系与预修课所在系是否一致 */
public class CourseSvlt extends HttpServlet {
    public void doGet(HttpServletRequest req, HttpServletResponse res) throws
        ServletException, IOException {
        String cour_id = req.getParameter("id");
        int success = 0;
        String action = action = req.getParameter("action");
        course cour = null;
        String message = "";
        if("new".equalsIgnoreCase(action)) {//增加课程信息
            cour = doNew(req,res);
            sendBean(req, res, cour, "/myapp/getcourse.jsp");
        }
        if("update".equalsIgnoreCase(action)) {//更新课程信息
            try {
                cour = doUpdate(req,res, cour_id);
                sendBean(req,res,cour,"/myapp/getcourse.jsp");
            }catch(SQLException e) {}
        }
        if("delete".equalsIgnoreCase(action)) {// 删除课程信息
            try {
                success = doDelete(cour_id);
            }catch(SQLException e) {}
        if(success != 1) {
            doError(req, res, "CourseSvlt: Delete unsuccessful. Rows affected: " +success);
        } else {
            res.sendRedirect("http://localhost:8080/myapp/getcourse.jsp");
        }
    }
}
```

```java
}
/*
 * 增加课程信息
 * 返回类型：course
 @param req
 @param res
 @return
 @throws ServletException
 @throws IOException */
public course doNew(HttpServletRequest req,HttpServletResponse res ) throws
    ServletException,IOException {
    course cour = new course();
    String cour_id = req.getParameter("id");
    int mark;
    String name = new String(req.getParameter("name").getBytes("ISO8859_1"));
    try {
        mark = Integer.parseInt(req.getParameter("mark"));
    }catch(NumberFormatException e) {mark = 0;}
    String dep = new String(req.getParameter("dep").getBytes("ISO8859_1"));
    String prepare = req.getParameter("prepare");
    //判断录入的是否正确；该课程号已经被注册过了；判断课程所在系与预修课所在系是否不一致
    if(isTrue(req,res,cour_id,name) && hasLogin(req,res,cour_id) &&isCompare(prepare,dep,
        req,res)) {
        cour.setId(cour_id);
        cour.setName(name);
        cour.setDep(dep);
        cour.setPrepare(prepare);
        cour.setMark(mark);
        cour.addCourse();
    }
    return cour;
}
/*
 * 判断课程所在系与预修课所在系是否一致,再增加新课程时进行判断
 *返回类型：boolean
 @param prepare
 @param dep
 @param req
 @param res
 @return
 @throws ServletException
 @throws IOException */
public boolean isCompare(String prepare,String dep, HttpServletRequest req,
    HttpServletResponse res)throws ServletException,IOException {
    boolean f = true;
    String tempDep = null;
    String message = null;
    course cour = new course();
    if( !prepare.equalsIgnoreCase("0") ) {
        tempDep = cour.getPrepareDep(prepare) ;
        if(tempDep.equals("public"))
            return true;
        if(dep.equalsIgnoreCase(tempDep))
            f = true;
        else {
```

```java
            f = false;
            message = "错误,课程所在系与选修课所在系不一致!";
            doError(req,res,message);
        }}
        return f;
    }
    /*
     * 更新课程信息
     * 返回类型: course
     @param req
     @param res
     @param id
     @return
     @throws ServletException
     @throws IOException
     @throws SQLException */
    public course doUpdate(HttpServletRequest req,HttpServletResponse res , String id) throws
        ServletException,IOException,SQLException {
        course cour = new course();
        String name = new String(req.getParameter("name").getBytes("ISO8859_1"));
        int mark = Integer.parseInt(req.getParameter("mark"));
        String dep = req.getParameter("dep");
        String prepare = req.getParameter("prepare");
        if(isTrue(req,res,id,name) && isCompare(prepare,dep,req,res)) {
            cour.setName(name);
            cour.setMark(mark);
            cour.setDep(dep);
            cour.setPrepare(prepare);
            cour.updateCourse(id);}
            return cour;
        }
    /*
     * 删除课程信息
     * 返回类型: int
     @param id
     @return
     @throws SQLException */
    public int doDelete(String id) throws SQLException {
        int num = 0;
        course cour = new course();
        num = cour.deleteCourse(id);
        return num;
    }
    /*
     * 上面的操作成功后,这个方法起到页面跳转作用
     * 返回类型: void
     @param req
     @param res
     @param cour
     @param target
     @throws ServletException
     @throws IOException */
    public void sendBean(HttpServletRequest req, HttpServletResponse res, course cour, String
        target) throws ServletException, IOException {
        req.setAttribute("cour", cour);
        RequestDispatcher rd = getServletContext().getRequestDispatcher(target);
```

```java
            rd.forward(req, res);
    }
    /*
     * 页面出错时跳转到的页面
     * 返回类型：void
     @param req
     @param res
     @param str
     @throws ServletException
     @throws IOException */
    public void doError(HttpServletRequest req,HttpServletResponse res,String str) throws
            ServletException, IOException {
        req.setAttribute("problem", str);
        RequestDispatcher rd = getServletContext().getRequestDispatcher("/myapp/errorpage.jsp");
        rd.forward(req, res);
    }
    /*
     * 判断课程号是否已经被注册过
     * 返回类型：boolean
     @param req
     @param res
     @param id
     @return
     @throws ServletException
     @throws IOException */
    public boolean hasLogin(HttpServletRequest req, HttpServletResponse res,String id) throws
            ServletException, IOException {
        boolean f = true;
        String message = "对不起，该课程号已经被注册过了!";
        course cour = new course();
        f = cour.hasLogin(id);
        if(f == false) {
            doError(req,res,message);
        }
        return f;
    }
    /*
     * 判断录入的是否正确
     * 返回类型：boolean
     @param req
     @param res
     @param id
     @param name
     @return
     @throws ServletException
     @throws IOException*/
    public boolean isTrue(HttpServletRequest req, HttpServletResponse res,String id,String name)
            throws ServletException, IOException {
        boolean f = true;
        String message = "";
        if(id == null || id.equals("")) {
            f = false;
            message = "错误，课程号不能为空！";
            doError(req,res,message);
        }
```

```java
        if(name == null || name.equals("")) {
            f = false;
            message = "课程名不能为空，请重新填写！";
            doError(req,res,message);
        }
        return f;
    }
    public void doPost(HttpServletRequest req, HttpServletResponse res) throws
        ServletException, IOException {
        doGet(req, res);
    }
}
```

下面介绍的是封装课程业务处理类 JavaBeans: course.java。course.java 的源程序如下：

```java
package cla;
package cla;
import java.Sql.*;
public class course {
/*
* 通过 get()、set()方法来得到课程信息 */
    private String id;
    private String name;
    private String dep;
    private String prepare;
    private int mark;
    public void setPrepare(String s) {prepare = s;
}
public String getPrepare() {return prepare;}
public void setMark(int s) {mark = s;}
public int getMark() {return mark;}
public void setDep(String s) {dep = s;}
public String getDep() {return dep;}
public String getId() {
    return id;
}
public void setId(String id) {
    this.id = id;
}
public String getName() {
    return name;
}
public void setName(String name) {
    this.name = name;
}
/*
* 得到所能选择的选修课
* 返回类型：ResultSet
@return */
public ResultSet getPrepares() { //得到所能选择的选修课
    String Sql = "select name,id from course ";
    SqlBean db = new SqlBean();
    ResultSet rs = db.executeQuery(Sql);
```

```java
        return rs;
}
/*
 * 查看选修课所在系
 * 返回类型：String
 @return */
public String getPrepareDep() { //查看选修课所在系
    String s = "no";
    String Sql = "select dep from course where id = '"+prepare+"' ";
    SqlBean db = new SqlBean();
    try {
        ResultSet rs = db.executeQuery(Sql);
        if(rs.next()) {
            s = rs.getString("dep");
        }
    }catch(Exception e) { e.getMessage();}
    return s;
}
/*
 * 得到所有课程
 * 返回类型：ResultSet
 @return */
public ResultSet getCourse() { //查看所有课程
    String Sql = "select * from course ";
    SqlBean db = new SqlBean();
    ResultSet rs = db.executeQuery(Sql);
    return rs;
}
/*
 * 删除课程信息
 * 返回类型：int
 @param id
 @return */
public int deleteCourse(String id) {
    int num = 0;
    String Sql = "delete from Course where id = '"+id+"' ";
    SqlBean db = new SqlBean();
    num = db.executeDelete(Sql);
    return num;
}
/*
 * 判断课程所在系与选修课所在系是否一致
 * 返回类型：String
 @param id
 @return */
public String getPrepareDep(String id) {
    String dep = "";
    String Sql = "select dep from course where id = '"+id+"'";
    SqlBean db = new SqlBean();
    try {
        ResultSet rs = db.executeQuery(Sql);
        if(rs.next())
            dep = rs.getString("dep");
    }catch(SQLException e) {System.out.print(e.toString());}
    return dep;
```

```java
}
/*
 * 更新课程信息
 * 返回类型：void
 @param id */
public void updateCourse(String id) {
    String Sql = "update course "+" set name = '"+name+"',prepare = '"+prepare+"',"+
        "dep = '"+dep+"',mark = '"+mark+"' "+" where id = '"+id+"' ";
    SqlBean db = new SqlBean();
    db.executeInsert(Sql);
}
/*
 * 增加课程信息
 * 返回类型：void */
public void addCourse() {
    String Sql = "insert into course(id,name,mark,prepare,dep) "+ "VALUES('"+id+"','"+
            name+"','"+mark+"','"+prepare+"','"+dep+"') ";
    SqlBean db = new SqlBean();
    db.executeInsert(Sql);
}
/*
 * 判断此课程是否有
 * 返回类型：boolean
 @param id
 @return */
public boolean hasLogin( String id) {
    boolean f = true;
    String Sql = "select id from course where id = '"+id+"' ";
    SqlBean db = new SqlBean();
    try {
        ResultSet rs = db.executeQuery(Sql);
        if(rs.next())
            {f = false;}
        }catch(Exception e) {e.getMessage();}
        return f;
    }
}
```